# A VIDA SECRETA DA MENTE

*Mariano Sigman*

# A vida secreta da mente

## O que acontece com o nosso cérebro quando decidimos, sentimos e pensamos

TRADUÇÃO
Joana Angélica d'Avila Melo

1ª reimpressão

Copyright © 2015 by Mariano Sigman
Todos os direitos reservados.

*Grafia atualizada segundo o Acordo Ortográfico da Língua Portuguesa de 1990, que entrou em vigor no Brasil em 2009.*

*Título original*
La vida secreta de la mente

*Capa*
Jorge Oliveira

*Preparação*
Diogo Henriques

*Revisão*
Jane Pessoa
Márcia Moura

Dados Internacionais de Catalogação na Publicação (CIP)
(Câmara Brasileira do Livro, SP, Brasil)

Sigman, Mariano
 A vida secreta da mente: o que acontece com o nosso cérebro quando decidimos, sentimos e pensamos / Mariano Sigman; tradução Joana Angélica d'Avila Melo. – 1ª ed. – Rio de Janeiro: Objetiva, 2017.

 Título original: La vida secreta de la mente
 ISBN 978-85-470-0043-1

 1. Cérebro – Obras de divulgação 2. Neurociências – Obras de divulgação I. Título.

17-05525     CDD-612.82

Índices para catálogo sistemático:
1. Cérebro: Neurofisiologia humana 612.82
2. Mente: Neurofisiologia humana 612.82

[2021]
Todos os direitos desta edição reservados à
EDITORA SCHWARCZ S.A.
Praça Floriano, 19, sala 3001 — Cinelândia
20031-050 — Rio de Janeiro — RJ
Telefone: (21) 3993-7510
www.companhiadasletras.com.br
www.blogdacompanhia.com.br
facebook.com/editoraobjetiva
instagram.com/editora_objetiva
twitter.com/edobjetiva

*Para Milo e Noah*

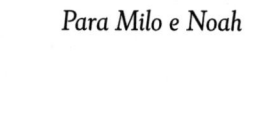

# Sumário

Introdução .................................................................. 9

1. A origem do pensamento
Como pensam e se comunicam os bebês, e como podemos
entendê-los melhor? ................................................... 13

2. O contorno da identidade
Como escolhemos, e o que nos faz confiar (ou não) nos
outros e em nossas próprias decisões? ........................ 59

3. A máquina que constrói a realidade
Como nasce a consciência no cérebro e como o inconsciente
nos governa? ............................................................. 116

4. As viagens da consciência
O que acontece no cérebro enquanto sonhamos? Podemos
decifrar, controlar e manipular os sonhos? .................. 151

5. O cérebro sempre se transforma
*O que faz nosso cérebro estar menos ou mais predisposto a mudar?* .................................................................. 191

6. Cérebros educados
*Como podemos aproveitar o que sabemos sobre o cérebro e o pensamento humano para aprender e ensinar melhor?* ...... 241

*Epílogo* ............................................................................ 279
*Agradecimentos* .............................................................. 281

# Introdução

Gosto de pensar a ciência como uma nave que nos leva a lugares desconhecidos, ao ponto mais remoto do universo, às entranhas da luz e ao mais ínfimo componente das moléculas da vida. Essa nave tem instrumentos, telescópios e microscópios, que tornam visível o que antes era invisível. Mas a ciência é também o próprio caminho, a bússola, o plano de rota em direção ao desconhecido.

Minha viagem nos últimos vinte anos, entre Nova York, Paris e Buenos Aires, foi à intimidade do cérebro, um órgão formado por uma infinidade de neurônios que codificam a percepção, a razão, as emoções, os sonhos, a linguagem.

Neste livro, o cérebro é visto de longe, ali onde o pensamento começa a tomar forma. E ali onde a psicologia se encontra com a neurociência navegaram, em completa promiscuidade de disciplinas, biólogos, físicos, matemáticos, psicólogos, antropólogos, linguistas, engenheiros, filósofos, médicos. E também cozinheiros, magos, músicos, enxadristas, escritores, artistas. Esta obra é o resultado dessa mistura.

Assim foi que a bússola da viagem tomou a forma deste texto que percorre o cérebro e o pensamento humano. É uma viagem especular: trata-se de descobrir nossa mente para entender-nos até nos mínimos recantos que compõem quem somos, como forjamos as ideias em nossos primeiros dias de vida, como damos forma às decisões que nos constituem, como sonhamos e imaginamos, por que sentimos certas emoções, como o cérebro se transforma e, com ele, aquilo que somos.

O primeiro capítulo é uma viagem ao país da infância. Veremos que o cérebro já está preparado para a linguagem muito antes de começarmos a falar, que o bilinguismo ajuda a pensar e que na infância formamos noções do bom, do justo, da cooperação e da competição que mais tarde influenciam nossa maneira de nos relacionar. Tais intuições do pensamento deixam rastros duradouros em nossa maneira de raciocinar e decidir.

No segundo capítulo exploramos o que define a delgada e imprecisa linha do que estamos dispostos a fazer ou não, as decisões que nos constituem. Como se combinam a razão e as emoções nas decisões sociais e afetivas? O que nos faz confiar nos outros e em nós mesmos? Descobriremos que pequenas diferenças nos circuitos cerebrais de tomada de decisão podem alterar drasticamente nossa maneira de decidir, desde as decisões mais simples até as mais profundas e sofisticadas que nos definem como seres sociais.

O terceiro e o quarto capítulos são uma viagem ao aspecto mais misterioso do pensamento e do cérebro humano, a consciência, através de um encontro inédito entre Freud e a neurociência de vanguarda. O que é e como nos governa o inconsciente? Veremos que é possível ler e decifrar o pensamento decodificando padrões de atividade cerebral, mesmo no caso de pacientes vegetativos que não têm outra forma de se expressar. E quem desperta, quando a consciência desperta? Veremos os primeiros esboços de como hoje podemos registrar nossos sonhos e visualizá-los em uma espécie de planetário onírico, e exploraremos a fauna dos diferentes estados de consciência, como os sonhos lúcidos e o pensamento sob o efeito da maconha ou de drogas alucinógenas.

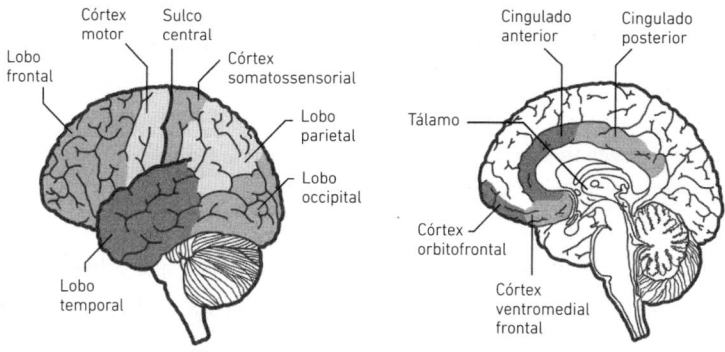

A geografia do cérebro

Para estudar o cérebro, convém dividi-lo em diferentes regiões. Algumas são delimitadas por sulcos ou fendas. Assim, pode-se dividir o córtex cerebral, que abarca toda a superfície dos hemisférios cerebrais, em quatro grandes regiões: frontal, parietal, occipital e temporal. O córtex parietal e o frontal, por exemplo, são separados pelo sulco central. Cada uma dessas grandes regiões do córtex participa de múltiplas funções, mas tem ao mesmo tempo certo grau de especialização. O córtex frontal funciona como a "torre de controle" do cérebro: regula, inibe, controla diferentes processos cerebrais e elabora planos. O córtex occipital coordena a percepção visual. O córtex parietal integra e coordena a informação sensorial com as ações. E o córtex temporal codifica as lembranças e funciona como uma ponte entre a visão, a audição e a linguagem.

Essas grandes regiões se dividem por sua vez de acordo com critérios anatômicos ou com papéis funcionais. Por exemplo, o córtex motor é a área do córtex frontal que governa os músculos, e o córtex somatossensorial é a área do córtex parietal que coordena a percepção do tato.

No corte interior no meio do cérebro, no plano que separa os dois hemisférios, é possível identificar subdivisões do córtex frontal. Por exemplo, o córtex ventromedial pré-frontal e o córtex orbitofrontal, que coordenam diferentes elementos da tomada de decisão. Embaixo do córtex frontal e parietal estende-se o córtex cingulado (também chamado giro cingulado ou simplesmente cingulado). A parte mais próxima da testa (cingulado anterior) é conectada com o córtex frontal e tem um papel primordial na capacidade de monitorar e controlar nossas ações. Em contraposição, a parte mais próxima da nuca (cingulado posterior) é ativada quando a mente divaga à vontade, naquilo que conhecemos como sonhos diurnos. No centro do cérebro fica o tálamo, que regula o "interruptor" da consciência.

Os dois últimos capítulos respondem a perguntas sobre como o cérebro aprende em diferentes âmbitos, desde a vida cotidiana até a educação formal. Será verdade que estudar um novo idioma é muito mais difícil para um adulto do que para uma criança? Partiremos em uma viagem à história da aprendizagem, ao esforço e à virtude, à transformação drástica que acontece no cérebro quando aprendemos a ler e à predisposição do cérebro para a mudança. O livro esboça como todo esse conhecimento pode ser utilizado de modo responsável, para aperfeiçoar o experimento coletivo mais vasto da história da humanidade: a escola.

*A vida secreta da mente* é um resumo da neurociência sob a perspectiva de minha própria viagem. Eu encaro a neurociência como uma maneira de compreender os outros e a nós mesmos. De nos fazermos entender. De nos comunicarmos. Sob essa perspectiva, ela é uma ferramenta a mais nessa busca ancestral da humanidade no sentido de expressar — talvez de modo rudimentar — as tonalidades, as cores e os matizes daquilo que sentimos e do que pensamos, a fim de que seja compreensível para os outros e, sem dúvida, para nós mesmos.

# 1. A origem do pensamento

*Como pensam e se comunicam os bebês, e como podemos entendê-los melhor?*

De todos os lugares que percorremos durante a vida, o mais extraordinário é, seguramente, o país da infância. Um território que, sob o olhar retrospectivo da idade adulta, se torna cândido, ingênuo, colorido, onírico, lúdico, vulnerável.

É curioso. Esse país do qual fomos todos cidadãos é difícil de recordar e reconstituir sem desempoeirar fotos que, à distância, vemos em terceira pessoa, como se aquela criança fosse outra e não nós mesmos, em outro tempo. E nem falemos da primeira infância, que de tão longínqua e imprecisa se torna pura amnésia.

Por acaso recordamos como pensávamos e concebíamos o mundo antes de aprender as palavras que o descrevem? E, já que estamos no assunto, como fizemos para descobrir as palavras da linguagem sem um dicionário que as definisse? Como é possível que, antes dos três anos de vida, em uma etapa de extrema imaturidade do raciocínio formal, tenhamos descoberto as regras e os meandros da gramática e da sintaxe?

Aqui esboçaremos essa viagem, desde o dia em que viemos ao mundo até o momento em que a linguagem se consolida e em que o pensamento se assemelha muito mais ao que utilizamos hoje, como adultos, para fazer esse percurso. O trajeto é promíscuo em seus veículos, métodos e ferramentas. Entremeiam-se as reconstruções do pensamento a partir do nosso olhar, dos gestos, das palavras e da inspeção minuciosa do cérebro que nos constitui. Esta é a premissa deste capítulo e de todo o livro.

Veremos que, quase desde o dia em que nasce, um bebê já é capaz de formar representações abstratas e sofisticadas. Sim, embora esta afirmação pareça um disparate, os bebês têm noções matemáticas, da linguagem, da moral e até do raciocínio científico e social. Isso cria um repertório de intuições inatas que estruturam aquilo que eles aprenderão — aquilo que todos aprendemos — nos espaços sociais, escolares, familiares, ao longo dos anos seguintes.

Também descobriremos que o desenvolvimento cognitivo não é a mera aquisição de novas habilidades e novos conhecimentos. Pelo contrário, muitas vezes consiste em desfazer-se de hábitos que impedem as crianças de demonstrar o que já conhecem. Às vezes, e embora esta seja uma ideia contraintuitiva, o desafio das crianças não é adquirir novos conceitos, mas aprender a governar os que elas já possuem.

Essas duas ideias se resumem numa imagem. Nós, adultos, costumamos desenhar mal os bebês por não observarmos que, além de serem menores, eles têm proporções diferentes das nossas. Os braços, por exemplo, são quase do mesmo tamanho que a cabeça. Nossa dificuldade para vê-los, tais como são, serve como metáfora morfológica para entender o mais difícil de intuir no plano cognitivo: os bebês não são adultos em miniatura.

Em geral, por simplificação e conveniência, falamos *das crianças* em terceira pessoa, o que erroneamente pressupõe uma distância, como se falássemos de algo que não somos. Como a intenção deste livro é viajar aos lugares mais recônditos de nosso cérebro, esta primeira excursão — à criança que fomos — será então em primeira pessoa. Para indagar como pensávamos, sentíamos ou representávamos o mundo naqueles dias dos quais não temos registro, simplesmente, porque esse percurso de experiência passou ao esquecimento.

## GÊNESE DOS CONCEITOS

No final do século XVII, o filósofo irlandês William Molyneux propôs ao seu amigo John Locke o seguinte experimento mental:

> Suponhamos que um homem cego de nascença tenha sido ensinado, já adulto, a perceber pelo tato a diferença entre um cubo e uma esfera [...]. Suponhamos, agora, que o cubo e a esfera estejam sobre uma mesa e que o cego recupere a visão. A pergunta é se, pela visão, antes de tocá-los, ele poderia distinguir e dizer qual é a esfera e qual é o cubo.

Poderá? Ao longo dos anos em que venho propondo essa pergunta, descobri que a grande maioria das pessoas acredita que não, que é necessário conectar a experiência visual virgem com aquilo que já se conhece mediante o tato. Ou seja, que uma pessoa precisaria tocar e ver ao mesmo tempo uma esfera para descobrir que a curvatura suave e lisa percebida na ponta dos dedos corresponde a uma determinada imagem.

Outros, a minoria, acreditam, em contraposição, que a experiência tátil prévia criou um molde visual. E, portanto, um cego poderia distinguir a esfera e o cubo no mesmíssimo instante em que recuperasse a visão.

John Locke, assim como a maioria, pensava que um cego teria que aprender a ver. Somente vendo e ao mesmo tempo tocando um objeto ele descobriria que essas sensações estão relacionadas. Um exercício de tradução no qual cada modalidade sensorial é um idioma diferente; e o pensamento abstrato, uma espécie de dicionário que vincula as *palavras do tato* com as *palavras da visão*.

Para Locke e seus seguidores empiristas, o cérebro de um recém-nascido é uma folha em branco; uma tábula rasa pronta para ser escrita. Depois, a experiência vai esculpindo e transformando isso, e os conceitos só nascem quando adquirem nome. O desenvolvimento cognitivo começa na superfície, com a experiência sensorial; depois, com o desenvolvimento da linguagem, adquire os matizes que explicam os filões mais profundos e sofisticados do pensamento humano: o amor, a religião, a moral, a amizade, a democracia.

O empirismo se baseia em uma intuição natural. Não é estranho, portanto, que tenha sido tão bem-sucedido e tenha dominado a filosofia da mente desde o século XVII até os tempos do grande psicólogo suíço Jean Piaget. Contudo, a realidade nem sempre é intuitiva: o cérebro de um recém-nascido não é uma tábula rasa. Ao contrário. O ser humano vem ao mundo como uma máquina de conceitualizar.

■ O raciocínio típico de papo de botequim colide com a realidade em um experimento simples no qual o psicólogo Andrew Meltzoff, emulando a pergunta de Molyneux, refutou a intuição empirista. Em vez de usar uma esfera e um cubo, ele utilizou duas chupetas, uma com uma forma suave e arredondada e a outra com uma forma um tanto rugosa e pontiaguda. O método é simples. Em plena escuridão, um bebê tem uma das duas chupetas na boca. Algum tempo depois, as chupetas são colocadas sobre uma mesa e acende-se a luz. E então o bebê olha mais para a chupeta que manteve na boca, denotando que a reconhece.

O experimento é muito simples e derruba um mito que durou mais de trezentos anos. Mostra que um recém-nascido que teve com um objeto somente uma experiência tátil — o contato na boca, considerando que nessa idade a exploração tátil é principalmente oral e não manual — já tem conformada uma representação de como se vê esse objeto. Isso contrasta com o que os pais costumam perceber: que o olhar dos recém-nascidos parece perdido e, em certa medida, desconectado da realidade. Veremos adiante que, na verdade, a vida mental de um bebê é muito mais rica e sofisticada do que aquilo que podemos intuir a partir de sua incapacidade de comunicá-la.

## SINESTESIAS ATROFIADAS E PERSISTENTES

O experimento de Meltzoff dá — também contra toda intuição — uma resposta afirmativa à pergunta de Molyneux: um bebê recém-nascido pode reconhecer pela visão os objetos que ele apenas tocou. Ocorre o mesmo com um cego que de repente recupera a visão? A resposta a essa interrogação só se tornou possível quando foram desenvolvidas cirurgias capazes de reverter as densas cataratas que produziam cegueiras congênitas.

A primeira materialização do experimento mental de Molyneux foi feita pelo oftalmologista italiano Alberto Valvo. O vaticínio de John Locke estava correto: para um cego congênito, adquirir a visão não foi nada parecido com esse sonho tão almejado. Assim se expressava um dos pacientes, depois da cirurgia que lhe restituiu a visão:

Tive a sensação de que havia começado uma nova vida, mas, em certos momentos, fiquei deprimido e desanimado, quando percebi como era difícil *compreender* o mundo visual. [...] De fato, ao meu redor vejo um conjunto de luzes e sombras [...] como um mosaico de sensações cambiantes cujo *significado* não compreendo [...]. À noite, gosto da escuridão. Eu teria que morrer como uma pessoa cega para renascer como uma pessoa que enxerga.

Para poder *ver*, o paciente precisou conectar com grande esforço a experiência visual com o mundo conceitual que havia construído anteriormente através da audição e do tato. Embora Meltzoff tivesse demonstrado que o cérebro humano tem a capacidade de estabelecer correspondências espontâneas entre as modalidades sensoriais, essa capacidade se atrofia ao permanecer em desuso durante o curso de uma vida cega.

Em contraposição, as correspondências são naturais entre modalidades sensoriais que exercitamos desde a infância. Quase todos acreditamos que a cor vermelha é cálida e que o azul é frio. Há uma ponte sinestésica entre a sensação térmica e a cromática.

Meu amigo e colega Edward Hubbard, junto com Vaidyanathan Ramachandran, gerou as duas formas que vemos a seguir. Uma é Kiki e a outra é Bouba. A pergunta: qual é qual?

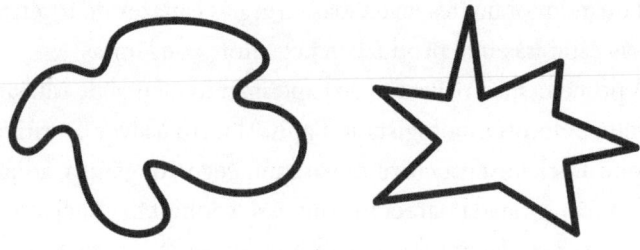

Quase todos opinam que a da esquerda é Bouba e a da direita é Kiki. Parece óbvio, como se não pudesse ser de outra maneira. Contudo, há algo estranho nessa correspondência: é como se alguém tivesse *cara de bola*. Acontece que nas vogais /o/ e /u/ os lábios formam um círculo amplo, que corresponde à redondez de Bouba. Em contraposição, para pronunciar o /k/, a parte posterior da língua sobe e toca o palato, em uma configuração angulosa. Algo parecido, com a língua quase muito perto do palato, acontece também com o /i/. Assim, a forma pontiaguda corresponde naturalmente ao nome Kiki.

Em muitos casos, essas pontes têm uma origem cultural, forjada pela linguagem. Por exemplo, quase todo mundo pensa que o passado está atrás e o futuro, adiante. Mas isso é uma arbitrariedade. Vejamos os aimarás, um povo originário da região andina da América do Sul: eles concebem a associação entre o tempo e o espaço de maneira diferente. Em aimará, a palavra "nayra" significa passado mas também à frente, à vista. E a palavra "quipa", que significa futuro, também indica atrás. Ou seja, na linguagem aimará o passado está adiante e o futuro, atrás. Sabemos que isso reflete a sua maneira de pensar, porque eles expressam essa relação também com o corpo. Os aimarás estendem os braços para trás quando se referem ao futuro, e para a frente quando aludem ao passado. Embora, a priori, isso nos soe estranho, quando eles o explicam parece tão razoável que temos vontade de mudar tudo; eles dizem que o passado é a única coisa que conhecemos, aquilo que os olhos veem, e está, portanto, à frente. O futuro é o desconhecido, aquilo que os olhos desconhecem, e por isso está às nossas costas. O fluxo do tempo, para os aimarás, sucede caminhando para trás, e com isso o incerto, o futuro, se transforma no relato do passado, plenamente visível.

Com o físico e linguista Marco Trevisan e o músico Bruno Mesz, perguntamo-nos se existe uma correspondência entre a música e o sabor. Para responder a pergunta, fizemos um experimento atípico que reuniu músicos, cozinheiros e neurocientistas. Vários músicos de formação popular, acadêmica e contemporânea improvisaram ao piano sobre a base dos quatro sabores canônicos: doce, salgado, amargo e ácido. Sem dúvida, cada músico tinha um estilo diferente, mas, dentro dessa grande variedade, percebemos que cada sabor inspirava padrões consistentes: o amargo correspondia a sons graves e contínuos; o salgado, a notas bem separadas umas das outras (staccato); o ácido, a melodias muito agudas e dissonantes; e o doce, a uma música harmoniosa, lenta e suave. Desse modo, pudemos *salgar* canções de Stevie Wonder ou montar o disco *ácido* dos Beatles.

## O ESPELHO ENTRE A PERCEPÇÃO E A AÇÃO

A representação do tempo é caprichosa. A frase "o Natal se aproxima" é estranha. A partir de onde ele se aproxima? Vem do sul, do norte, do oeste? Na realidade, o Natal não está em nenhum lado, está no tempo. Essa frase, ou sua análoga, "já estamos chegando ao fim do ano", esconde um indício do modo como organizamos o pensamento. Fazemos isso no corpo. Por isso falamos do *cabeça* do governo, da *mão* direita do trânsito, do *cu* do mundo, e mais um monte de metáforas\* que refletem o fato de organizarmos o pensamento em um esquema definido pela forma de nosso próprio corpo. E, por isso, quando pensamos nas ações alheias, nós

---

\* Mão e contramão, o olho do furacão, os braços do rio, os dentes de alho, "as veias abertas da América Latina" etc.

o fazemos representando-as em primeira pessoa, pronunciando com nossa própria voz o discurso do outro, bocejando o bocejo do outro ou rindo a risada do outro. Pode-se fazer um experimento caseiro e simples para testar esse mecanismo. Durante uma conversa com outra pessoa, cruze os braços. É muito provável que o outro também o faça. Pode-se exagerar isso com gestos mais ousados, como tocar a própria cabeça, coçar-se ou espreguiçar-se. A probabilidade de que o outro imite você é bastante alta.

Esse mecanismo depende de um sistema cerebral formado por *neurônios-espelho*. Cada um desses neurônios codifica gestos precisos, como mover um braço ou abrir a mão, mas o faz de maneira indistinta, quer a ação seja própria ou alheia. Assim como o cérebro tem um mecanismo que de forma espontânea amalgama informação de distintas modalidades sensoriais, o sistema espelho permite reunir — também espontaneamente — as ações próprias e as alheias. Levantar o braço e observar alguém fazê-lo são processos muito distintos, pois um é próprio e o outro, não; um é visual e o outro, motor. Contudo, de um ponto de vista conceitual, eles se assemelham bastante. Ambos correspondem, no mundo abstrato, ao mesmo gesto. Pode um recém-nascido criar essa abstração e entender que suas próprias ações correspondem à observação das ações de outrem? Meltzoff também assinalou isso, para acabar de derrubar a barricada empirista que pensa o cérebro como uma tábula rasa.

Meltzoff propôs outro experimento: fez caras e caretas de três tipos para um bebê — pôr a língua para fora, abrir a boca e estender os lábios, como em um beijo — e observou que o bebê tendia a repetir cada um desses gestos. A imitação não era exata nem sincrônica; o espelho não é perfeito, claro. Mas, em média, era muito mais provável que o bebê replicasse o gesto observado, e não que produzisse algum dos outros. Isso significa que os recém-nascidos são capazes de associar ações observadas e ações próprias, embora a imitação não tenha a precisão que mais tarde eles adquirem com a linguagem.

As duas descobertas de Meltzoff — as associações entre ações próprias e alheias, e entre diferentes modalidades sensoriais — foram publicadas em 1977 e 1979. Em 1980, o dogma empirista estava quase destroçado. Para acabar com ele, faltava resolver um último mistério: o erro de Piaget.\*

O ERRO DE PIAGET!

■ Um dos experimentos mais preciosos do célebre psicólogo suíço Jean Piaget é o chamado *A não B*. A primeira parte

---

\* Ao longo do livro, revelamos "erros" na história da psicologia, da ciência e da filosofia da mente. Muitos desses "erros" refletem intuições e, portanto, se replicam na história de cada um de nós. São mitos que persistem para além da evidência em contrário, porque correspondem a raciocínios naturais, intuitivos. Por mais óbvio que seja, esclareço que quando falo dos erros de grandes pensadores, faço-o sob a perspectiva privilegiada de quem observa fatos que antes eram inacessíveis, isto é, faço-o olhando para trás — ou para diante — o passado. É a diferença que há entre analisar uma partida e jogá-la, ou como apostar na loteria já sabendo o resultado. Está claro que todos esses pensadores foram magníficos visionários e heróis de suas épocas. Parto da premissa de que a ciência, e quase qualquer conjectura humana, é sempre aproximativa, e está em revisão permanente. Falar do erro de Piaget é, de meu ponto de vista, uma espécie de ode, um reconhecimento de que suas ideias, embora nem sempre exatas, foram marcos na história de nosso conhecimento. Como dizia Isaac Newton: "Se vimos mais à frente, é porque estamos sobre os ombros de gigantes". Esta é uma versão da história do conhecimento mais realista e menos celebrada do que a fábula da maçã caída como inspiração súbita. Vai aqui minha homenagem a todos os grandes predecessores que, com seus acertos e erros, cimentaram o caminho que hoje tantos de nós percorremos.

funciona assim: sobre uma mesa há dois guardanapos, um de cada lado. A um bebê de dez meses, mostra-se um objeto, que em seguida é escondido sob o primeiro guardanapo (chamado "A"). O bebê o encontra sem dificuldades nem vacilações.

Por trás disso, que parece muito simples, há uma proeza cognitiva conhecida como permanência de objetos: para encontrar o objeto, é necessário um raciocínio que vai além do que está na superfície dos sentidos. O objeto não desapareceu. Apenas está oculto. Para compreender tal fato, é necessário ter um esquema do mundo no qual as coisas não se desintegram quando deixamos de vê-las. Isso, evidentemente, é abstrato.[*]

■ A segunda parte do experimento começa de maneira idêntica. Ao mesmo bebê de dez meses, mostra-se um objeto, que em seguida é coberto pelo guardanapo "A". Mas então, e antes que o bebê faça alguma coisa, o experimentador muda o objeto de lugar e o coloca sob o outro guardanapo (chamado "B"), assegurando-se de que o bebê tenha visto a mudança. E aí acontece o estranho: o bebê levanta o guardanapo sob o qual o objeto havia sido escondido em primeiro lugar, como se ignorasse a mudança que acaba de observar.

Esse erro é ubíquo: acontece em todas as culturas e de maneira quase indefectível nos bebês de cerca de dez meses de vida.

---

[*] Todos os pais brincam de cobrir e descobrir o rosto. Os bebês morrem de rir. É o prazer de entender e descobrir que os objetos não desaparecem quando deixamos de vê-los. São pequenos cientistas descobrindo com prazer as regras do universo.

O experimento é contundente e preciso, e demonstra traços fundamentais de nossa maneira de pensar. Mas a conclusão de Piaget, para quem isso indica que os bebês dessa idade ainda não entendem de maneira abstrata e plena a permanência de objetos, é errônea.

Revisitando-se o experimento, décadas depois, chega-se à interpretação mais plausível — e muito mais interessante — de que os bebês sabem que o objeto mudou de lugar, mas não podem utilizar essa informação. Têm, como acontece no estado de embriaguez, um controle muito volátil de suas ações. Mais precisamente, aos dez meses de idade, as criancinhas ainda não desenvolveram o sistema de controle inibitório, isto é, a capacidade de controlar algo que já tinham planejado fazer.

Como podemos saber disso? Precisamos da evidência de que eles sabem que o objeto está em outro lugar e de que são incapazes de inibir uma ação já preparada. No caminho, veremos como certos aspectos do pensamento que parecem sofisticados e elaborados — a moral ou a matemática, por exemplo — já estão esboçados desde o dia em que nascemos. Em contraposição, outros, que parecem muito mais rudimentares, como refrear uma decisão, amadurecem sem pressa e sem pausa. Isso se deve ao desenvolvimento lento dos circuitos cerebrais que controlam o sistema executivo.

## O SISTEMA EXECUTIVO

Submergimos, assim, nessa torre de controle do cérebro, na realidade uma extensa rede distribuída fundamentalmente no córtex pré-frontal. Essa rede organiza o sistema executivo que se consolida lentamente com o desenvolvimento, inibe-se com o álcool, deteriora-se na velhice, com a demência, e nos constitui como seres sociais. Tomemos um exemplo muito simples. Quando seguramos um prato quente, nosso reflexo natural será soltá-lo de imediato. Mas um adulto, em geral, inibirá esse reflexo ao avaliar rapidamente se dispõe ali perto de um lugar onde possa apoiá-lo, para evitar que o prato se quebre.

O sistema executivo governa, controla e administra todos esses processos. Estabelece planos, resolve conflitos, maneja o foco de nossa atenção e inibe alguns reflexos e costumes. A capacidade de governar nossas ações depende, então, da integridade do sistema de função executiva.* Se ele não funciona adequadamente, deixamos cair o prato quente, arrotamos à mesa ou jogamos todo o dinheiro no preto da roleta.

---

* Enquanto fazia meu doutorado em Nova York, um dia fui visitar em Boston o laboratório de Álvaro Pascual Leone. Naquele momento começava-se a utilizar uma ferramenta chamada TMS (sigla em inglês para Estimulação Magnética Transcraniana). Com a TMS era possível induzir, mediante um sistema de bobinas, uma corrente muito tênue, mas capaz de ativar ou inibir uma região cerebral. Quando cheguei, estavam fazendo um experimento no qual desativavam temporariamente o córtex frontal. Senti-me tentado pela ideia de experimentar em primeira mão o desvanecimento do sistema executivo e me ofereci como cobaia. Depois que eles inibiram meu córtex frontal — de maneira reversível — durante trinta minutos, começou o experimento. Eu via uma letra e tinha que pensar palavras que começassem com ela e pronunciá-las, mas só alguns segundos depois. Essa espera depende do sistema executivo. Com o córtex pré-frontal inibido, era impossível esperar. Eu começava a dizer as palavras compulsivamente, no mesmo momento em que as pensava. Entendia que devia esperar antes de dizê-las, mas não conseguia. Essa experiência em tempo real e em uma espécie de dissociação entre a primeira pessoa — que atuava — e a terceira pessoa — que observava — me serviu para entender na própria carne os limites daquilo que podemos fazer para além do desejo e da vontade, em domínios cognitivos aparentemente muito simples. É muito difícil, se você não passa pela experiência, colocar-se no lugar de quem não consegue fazer o que quase todos fazemos com naturalidade e simplicidade.

O córtex frontal está muito imaturo nos primeiros meses de vida e se desenvolve de maneira lenta, muito mais do que outras regiões cerebrais. Por isso, os bebês só podem expressar versões muito rudimentares das funções executivas.

A psicóloga e neurocientista Adele Diamond fez um trabalho exaustivo e meticuloso, seguindo o desenvolvimento fisiológico, neuroquímico e de habilidades executivas durante o primeiro ano de vida. Descobriu justamente que há uma relação precisa entre alguns aspectos do desenvolvimento do córtex frontal e a capacidade que as criancinhas têm para resolver a tarefa A *não* B de Piaget.

O que impede um bebê de resolver esse problema aparentemente tão simples? Será que ele não consegue recordar as diferentes posições nas quais o objeto pode estar escondido? Será que não entende que o objeto mudou de lugar? Ou será, como sugeria Piaget, que ele nem sequer entende em profundidade que o objeto não deixa de existir quando é escondido atrás de um pano? Manipulando todas as variáveis no experimento de Piaget — a quantidade de vezes que um bebê repete a mesma ação, o tempo em que ele recorda de memória a posição do objeto e a maneira como expressa seu conhecimento —, Diamond pôde demonstrar que a engrenagem-chave que o impede de resolver essa tarefa é sua incapacidade de inibir a resposta que ele já tem preparada, e cimentou assim uma mudança de paradigma: o desenvolvimento cognitivo não é a mera aquisição de novas habilidades e conhecimentos. Um fator-chave desse desenvolvimento é aprender a inibir hábitos que impedem de expressar o que já se sabe.

O SEGREDO DE SEUS OLHOS

Sabemos então que um bebê de dez meses não pode evitar a tentação de levar o braço até onde havia planejado, mesmo quando entende que o objeto que deseja alcançar mudou de lugar. Sabemos também que isso tem a ver com uma imaturidade bastante específica do córtex frontal em circuitos e moléculas que manejam o controle inibitório. Mas como sabemos efetivamente que o bebê entende que o objeto está escondido em um novo lugar?

A chave está no olhar. Ao mesmo tempo que dirigem o braço para o lugar equivocado, os bebês olham decididamente para o lugar correto. O olhar e as mãos apontam para lugares diferentes. O olhar denota que eles sabem onde está; as mãos, que não podem inibir o reflexo equivocado. Eles são — somos — um monstro de duas cabeças. Neste caso, assim como em tantos outros, a diferença entre as criancinhas e os adultos não é o que uns e outros conhecem, mas como podem atuar a partir desse conhecimento.

De fato, a maneira mais efetiva para conhecer o que pensa um bebê costuma ser observar seu olhar.* Partindo da premissa de que os bebês olham mais detidamente aquilo que os surpreende, pode-se montar uma longa série de jogos para descobrir o que eles podem distinguir ou não, e dessa forma indagar acerca de suas representações mentais. Assim se descobriu, por exemplo, que, um dia depois de nascerem, os bebês já têm formada uma noção de número, algo que antes parecia impossível de determinar.

---

* O olhar também é um dos elementos mais reveladores do pensamento adulto, de como raciocinamos ou do que almejamos. Não serve apenas para adquirir conhecimento, mas também fala de quem somos. Mas, à diferença das crianças pequenas, os adultos sabem que o olhar os delata. É aí que nasce o pudor que se expressa tão contundentemente em um dos laboratórios naturais mais espetaculares para estudar a *microssociologia* humana: o elevador.

■ O experimento funciona da seguinte forma. Mostra-se a um bebê uma série de imagens. Três patos, três quadrados vermelhos, três círculos azuis, três triângulos, três palitos... A única regularidade nesta sequência é esse elemento abstrato e sofisticado: a trindade. Depois aparecem duas imagens. Uma tem três flores e a outra, quatro. Para qual os recém-nascidos olham mais? O olhar é variável, claro, mas, de maneira consistente, detém-se por mais tempo na de quatro flores. E não é que eles olhem as imagens com mais coisas. Se, durante um longo tempo, vissem uma sequência de quatro objetos, depois olhariam por mais tempo uma imagem que tivesse três. É como se ficassem entediados de ver sempre a mesma quantidade de objetos e descobrissem com surpresa uma imagem que quebra a regra.

Liz Spelke e Véronique Izard demonstraram que a noção de número persiste inclusive se as quantidades forem expressadas em diferentes modalidades sensoriais. Se um recém-nascido escuta uma série de três bips, espera que depois haja três objetos e se surpreende se não for assim. Ou seja, supõe uma correspondência de quantidades entre a experiência auditiva e a visual, e, se essa regra abstrata não se cumprir, seu olhar é mais evidente. O extraordinário é que estamos falando de recém-nascidos, com poucas horas de vida, que já têm os fundamentos da matemática em seu aparelho mental.


O DESENVOLVIMENTO DA ATENÇÃO

As faculdades cognitivas não se desenvolvem homogeneamente. Algumas, como a capacidade de formar conceitos, são inatas.

Outras, como as funções executivas, estão apenas esboçadas nos primeiros meses de vida. O exemplo mais claro e conciso disso é o desenvolvimento da rede atencional. A atenção, em neurociência cognitiva, refere-se a um mecanismo que permite focalizar seletivamente um aspecto particular da informação e ignorar outros elementos concorrentes.

Todos tivemos de batalhar alguma vez — mais de uma vez — com a atenção. Por exemplo, quando estamos falando com alguém e, muito perto de nós, há outra conversa na qual se fala de um assunto que nos interessa.* Por educação, tentamos permanecer focalizados no interlocutor, mas a audição, o olhar e o pensamento em geral se dirigem por sua própria força para o outro lado. Aqui reconhecemos dois ingredientes que dirigem e orientam a atenção: um endógeno, que acontece a partir de dentro, por uma vontade própria de concentrar-se em algo, e outro exógeno, que acontece por um estímulo externo. Dirigir um carro, por exemplo, é outra situação de tensão entre esses sistemas, pois queremos que a atenção esteja voltada para o caminho, mas não nos ajuda que nas laterais haja cartazes com ofertas tentadoras, luzes brilhantes, paisagens bonitas. Elementos, todos eles, que, como bem sabem os publicitários, disparam os mecanismos de atenção exógena.

Michael Posner, um dos pais fundadores da neurociência cognitiva, esmiuçou os mecanismos da atenção** e encontrou quatro elementos constituintes:

1) A orientação endógena.
2) A orientação exógena.

---

* Por exemplo, escutar o próprio nome é um ímã para a atenção.
** Cansado de escutar conversas alheias nas quais falavam dos filmes de Kevin Costner.

3) A capacidade de manter a atenção.
4) A capacidade de *desligá-la*.

Também descobriu que cada um desses processos envolve sistemas cerebrais diferentes, que se estendem ao longo do córtex frontal, parietal e do cingulado anterior. Descobriu, ainda, que cada uma dessas peças da maquinaria atencional se desenvolve em seu próprio tempo, e não simultaneamente.

Por exemplo, o sistema que permite orientar a atenção para um novo elemento (atenção endógena) amadurece muito antes daquele que permite desligar-se deste. Assim, retirar voluntariamente a atenção voltada para algo é muito mais difícil do que supomos. Saber disso pode melhorar enormemente o trato com uma criança. Um exemplo claro: como acalmar o choro desconsolado de um bebê. Um truque que alguns pais descobrem espontaneamente e que surge de forma natural quando se entende o desenvolvimento da atenção é o de não pedir ao bebê que pare de chorar de uma vez, mas sim oferecer-lhe outra opção que chame a atenção dele. Então, quase por magia, o choro desconsolado se detém ipso facto, e entende-se além disso que não havia sofrimento nem dor, mas sim que o choro, na realidade, era pura inércia. Mas não é magia nem casualidade, e acontece da mesma forma para todos os bebês do mundo. Isso reflete como somos — fomos — nesse período do desenvolvimento: capazes de dirigir nossa atenção para algo em consequência de um estímulo exógeno, e incapazes de *desligá-la* voluntariamente.

Esmiuçar os elementos constitutivos do pensamento permite uma relação muito mais fluente entre as pessoas. Nenhum pai ou mãe pediria a um bebê de seis meses que corresse, e muito menos se frustraria se isso não acontecesse. De igual modo, conhecer o desenvolvimento da atenção pode evitar que um pai ou uma mãe peça ao filho o impossível: que pare de chorar de uma vez.

## O INSTINTO DA LINGUAGEM

Além de estar conectado para formar conceitos, o cérebro de um recém-nascido também está predisposto para a linguagem. Isso pode soar estranho. Predisposto para o francês, o japonês ou o russo? Na realidade, o cérebro está predisposto para todas as línguas, porque todas têm, no vastíssimo espaço dos sons, muitas coisas em comum. Essa foi a ideia revolucionária do linguista Noam Chomsky.

Todas as linguagens têm propriedades estruturais similares. Organizam-se em uma hierarquia auditiva de fonemas que se agrupam em palavras, as quais por sua vez se associam para formar frases. E essas frases estão organizadas sintaticamente, com uma recursividade que dá à linguagem sua grande versatilidade e efetividade. Sobre essa premissa empírica, Chomsky propôs que a aquisição da linguagem na infância é bem limitada e guiada pela organização constitutiva do cérebro humano. Este é outro argumento contra a noção de tábula rasa: o cérebro tem uma arquitetura muito precisa que, entre outras coisas, o torna idôneo para a linguagem. O argumento de Chomsky tem outra vantagem, pois explica por que as crianças podem aprender com tanta naturalidade a linguagem, embora esta seja repleta de regras gramaticais muito sofisticadas e quase sempre implícitas.

■ Hoje há um acúmulo de demonstrações que validam essa ideia. Uma das mais astutas foi apresentada por Jacques Mehler, o qual fez bebês franceses de menos de cinco dias de vida escutarem uma sucessão de frases diferentes pronunciadas por vários vocalizadores de diferentes gêneros. O único traço comum a todas as frases era o holandês. De vez em quando, abruptamente, as frases mudavam para o japonês. Ele procurava ver se essa mudança surpreendia um bebê, o que revelaria que eles eram capazes de codificar e reconhecer um idioma.

Neste caso, a maneira de medir a surpresa não era a persistência do olhar, mas a intensidade de sucção de uma chupeta. Mehler descobriu que, efetivamente, quando o idioma mudava, os bebês sugavam mais — como Maggie Simpson —, o que indica que eles percebem que algo relevante está acontecendo. A chave é que isso não ocorria se fosse repetido o mesmo experimento com o som de todas as frases invertido, como quando se toca um disco ao contrário. Isso significa que os bebês não têm a habilidade de reconhecer qualquer classe auditiva, mas que estão afinados especificamente para processar linguagens.

Costumamos pensar que o inato é oposto ao aprendido. Outra maneira de ver isso é pensar que o inato é, na realidade, algo aprendido na lenta cozinha da história evolutiva do homem. Assim, se for verdade — como propõe Chomsky — que o cérebro de um recém-nascido está predisposto para a linguagem, torna-se natural supor que essa capacidade não tenha surgido de repente na história evolutiva. Ao contrário, deveria haver vestígios e precursores da linguagem em nossos primos evolutivos. Isso é precisamente o que o grupo de Mehler provou, ao evidenciar que os macacos também têm sensibilidades auditivas afinadas para a linguagem. Assim como os bebês, os saguis reagiam com a mesma surpresa sempre que mudava o idioma das frases que eles escutavam em um experimento. A revelação era espetacular e explodiu na mídia sob o título "Os macacos falam japonês", um bom exemplo de como destruir um resultado científico precioso com um título horrível.

## A LINGUAGEM MATERNA

O cérebro está preparado e predisposto para a linguagem desde o dia em que nascemos. Mas essa predisposição não se materializa sem experiência social, sem ser exercitada com outras pessoas. Sabemos disso pelos casos de algumas *crianças selvagens* que crescem alheias a todo contato com a sociedade humana. Um dos mais emblemáticos, magnificamente retratado, é o do personagem-título de *O enigma de Kaspar Hauser*, filme de Werner Herzog. A predisposição do cérebro para uma linguagem universal se aperfeiçoa no contato com os outros, adquirindo conhecimentos novos (regras gramaticais, palavras, fonemas) ou desaprendendo diferenças que são irrelevantes para a linguagem materna.

A especialização da linguagem acontece primeiro com os fonemas. Em espanhol temos cinco vogais, ao passo que no francês há dezessete. A maioria dessas vogais, para nós, hispanofalantes, soa igual. Mas, é claro, as palavras não o são: *cou* — que nós pronunciaríamos *cu* — significa pescoço, e *cul* — que pronunciaríamos também como a primeira — significa *cu*. Na realidade, as vogais que nós percebemos como dois "u" iguais são muito diferentes para um falante de francês, tanto quanto um "e" e um "a" para os falantes de espanhol. O mais interessante, porém, é que elas também eram diferentes para cada um de nós durante os primeiros meses de vida. Nesse momento, éramos capazes de detectar diferenças que hoje nos resultam impossíveis.

De fato, embora nos pareça estranhíssimo, um bebê tem um cérebro universal para a linguagem, é capaz de distinguir os contrastes fonológicos de todas as línguas. Com o tempo, cada cérebro desenvolve suas próprias categorias e barreiras fonológicas que dependem do uso específico de sua linguagem. Para entender que o "a" pronunciado por diferentes pessoas, resfriadas ou não, em vários contextos, a diversas distâncias, corresponde ao mesmo "a", é preciso estabelecer uma categoria de sons. Fazer isso significa, indefectivelmente, perder nitidez. Essas margens para identificar fonemas no espaço de sons se estabelecem entre os seis e os nove meses de vida. E dependem, claro, da linguagem que escutarmos durante o desenvolvimento. É a idade em que nosso cérebro deixa de ser universal.

Passada a etapa em que se consolidam os fonemas, chega a vez das palavras. Aqui, há um paradoxo que em princípio parece de difícil solução. Como faz um bebê para saber quais são as palavras de uma linguagem? O problema não é só como fazer para aprender o significado dos milhares de palavras que a constituem. Quando alguém escuta pela primeira vez uma frase em alemão, não só ignora o que quer dizer cada palavra como também não pode distingui-las no continuum sonoro de uma frase. Isso ocorre por não existir, na linguagem falada, uma pausa equivalente ao espaço entre as palavras escritas. Ousejaescutaralguémfalandopareceumdiscogirandoacelerado.* E, se um bebê não sabe quais são as palavras de uma linguagem, como faz para reconhecê-las nesse emaranhado?

Uma solução é falar com os bebês — como fazemos — em uma linguagem mais lenta e com pronúncia exagerada. Em inglês utiliza-se o termo "motherese" para referir-se a esse discurso. No *motherese* se produzem, naturalmente, pausas entre as palavras, o que facilita para um bebê a heroica façanha de dividir uma frase nas palavras que a constituem.

Mas isso não explica por si só como os nenéns, aos oito meses, já começam a formar um vasto repertório de palavras, muitas das quais eles nem sabem o que significam. Para isso, o

---

* Osgregosnaantiguidadeescreviamsempalavraseeratudoumgrandehieróglifo.

cérebro utiliza um princípio similar ao que muitos computadores sofisticados implementam para detectar padrões, conhecido como aprendizagem estatística. A receita é simples. Trata-se de identificar a frequência das transições entre sílabas. Como a palavra "perro", cão, é frequente, toda vez em que o bebê escuta a sílaba "pe", há uma probabilidade alta de que ela seja sucedida pela sílaba "rro". Claro, estas são apenas probabilidades, pois às vezes a palavra pronunciada será "pena" ou "pelota", mas um bebê descobre, através de um cálculo intenso dessas transições, que a sílaba "pe" tem um número relativamente pequeno de sucessores frequentes. E assim, ao formar pontes entre as transições mais frequentes, pode amalgamar sílabas e descobrir as palavras. Essa forma de aprendizagem, claro que não consciente, assemelha-se à utilizada pelos telefones *inteligentes* para completar as palavras com a extensão que lhes parece mais provável e factível; como sabemos, eles tampouco são perfeitos.

Assim é que os bebês não aprendem as palavras lexicalmente, como se preenchessem um dicionário no qual cada uma se associa ao seu significado ou a uma imagem. Em maior medida, a primeira aproximação às palavras é rítmica, musical, prosódica. Marina Nespor, uma linguista extraordinária, sugere que uma das dificuldades para estudar uma segunda língua na vida adulta é que nessa fase já não utilizamos esse procedimento. Quando um adulto aprende um idioma, costuma fazê-lo a partir do aparelho consciente e de forma deliberada; tenta adquirir as palavras como se as memorizasse de um dicionário, e não a partir da música da linguagem. Marina afirma que, se imitássemos o mecanismo natural de consolidar primeiro a música das palavras e as regularidades de entonação da língua, a aprendizagem seria muito mais simples e efetiva.

## CRIANÇAS DE BABEL

Um dos exemplos mais apaixonantes e debatidos da colisão entre predisposições biológicas e culturais é o bilinguismo.* Por um lado, uma intuição muito comum é: "Pobre garoto, falar já é difícil, e, se ainda por cima ele tiver que falar em dois idiomas, vai embaralhar tudo". Mas o risco de confusão é matizado com a percepção de que o bilinguismo implica certo virtuosismo cognitivo.

O bilinguismo, na realidade, oferece um exemplo concreto de como algumas normas sociais se estabelecem sem nenhuma reflexão racional. A sociedade costuma considerar o monolinguismo uma norma, e por isso o rendimento dos bilíngues é encarado como um déficit ou como um incremento em relação a ela. Isso não é mera convenção. As crianças bilíngues têm uma vantagem nas funções executivas, mas isso nunca é percebido como um déficit dos monolíngues em seu potencial desenvolvimento. Curiosamente, a norma monolíngue não se define por sua popularidade; de fato, a maioria das crianças do mundo cresce em ambientes multilíngues.

A pesquisa em neurociência cognitiva mostrou de maneira conclusiva que, contra a crença popular, os marcos mais importantes na aquisição da linguagem — o momento de compreensão das primeiras palavras, o desenvolvimento de frases, entre outros — são muito similares entre monolíngues e bilíngues. Uma das poucas diferenças é que, durante a infância, os monolíngues têm um vocabulário mais amplo. Contudo, esse efeito desaparece — e até se reverte — quando ao vocabulário se acrescentam as palavras que um bilíngue domina nos dois idiomas.

---

* Quando criança, Bernardo Houssay vivia com os avós italianos. Seus pais falavam pouco essa língua, e ele e os irmãos, nada. Então, ele achava que as pessoas, ao envelhecerem, viravam italianas.

Um segundo mito popular é que não convém misturar os idiomas e que cada pessoa tem que falar com uma criança sempre na mesma língua. Não é assim. Há estudos sobre bilinguismo de pais que falam um só idioma cada um, algo muito típico em zonas de fronteira, como um genitor esloveno e um italiano. Em outros estudos feitos em regiões bilíngues como Québec ou a Catalunha, os dois genitores falam indistintamente os dois idiomas. Os marcos de desenvolvimento nessas duas situações são idênticos. E a razão pela qual o fato de a mesma pessoa falar os dois idiomas não confundir os bebês é que, para produzir os fonemas de cada linguagem, são dadas indicações gestuais — a maneira de mover a boca e o rosto — a respeito de qual língua está sendo falada. Digamos que a pessoa faz *cara* de francês ou de italiano. Essas chaves são fáceis de reconhecer, para um bebê.

Além disso, outro conjunto de evidências indica que os bilíngues têm um desenvolvimento melhor e mais rápido das funções executivas; mais especificamente, em sua capacidade de inibir e controlar a atenção. Como essas faculdades são críticas no desenvolvimento educacional e social de uma criança, a vantagem do bilinguismo parece então bastante óbvia.

Quais são os mecanismos cerebrais que permitem aos bilíngues a obtenção de melhores resultados nas funções executivas? A capacidade de alternar rapidamente diferentes tarefas — mais conhecida como *task-switching* — é uma das situações que mais demandam do sistema executivo. Em comparação com um monolíngue, quando um bilíngue se desenvolve nesse tipo de circunstância ocorrem duas coisas: a primeira, redes cerebrais da linguagem são ativadas, inclusive em tarefas não linguísticas; e a segunda, ativa-se muito menos o cingulado anterior, uma estrutura profunda na parte frontal do cérebro, um centro fundamental para a coordenação da atenção. Isto é, os bilíngues podem reciclar aquelas estruturas cerebrais que nos monolíngues estão fortemente especializadas para a linguagem e utilizá-las como andaimes para manejar o controle cognitivo.

Falar mais de um idioma também modifica a anatomia do cérebro. Os bilíngues têm maior densidade de substância branca — isto é, axônios ou *cabos* — no cingulado anterior do que os monolíngues. E esse efeito não é exclusivo da infância. De maneira mais geral, o bilinguismo ao longo de toda a vida se correlaciona com a robustez da substância branca. Isso é particularmente relevante em idades avançadas, porque a integridade das conexões é um elemento decisivo da reserva cognitiva. Isso explica por que os bilíngues, mesmo considerando-se a idade, o nível socioeconômico e outras variáveis relevantes, são menos propensos a desenvolver demências senis.

Em resumo, o estudo do bilinguismo nos serve para derrubar dois mitos e concluir que o desenvolvimento da linguagem não é mais lento nas crianças bilíngues, e que os idiomas podem mesclar-se sem problemas. Além disso, o bilinguismo se estende a uma área vital do desenvolvimento de uma criança, o controle cognitivo. Isso ajuda a superar as dificuldades intrínsecas das funções executivas durante o desenvolvimento. O bilinguismo ajuda uma criança a pilotar seu próprio pensamento. Essa capacidade se mostra decisiva na inserção social, na saúde e na perspectiva de futuro dessa criança. Talvez devamos, então, promover o bilinguismo. Em meio a tantas ofertas pouco efetivas e custosas para estimular o desenvolvimento cognitivo, esta é uma maneira muito mais simples, bela e ancestral de fazê-lo.

## UMA MÁQUINA DE CONJECTURAR

As crianças, desde muito pequeninas, têm um mecanismo sofisticado para investigar e construir conhecimento. Todos nós fomos cientistas na infância,* e não só por uma vocação exploratória, quebrando coisas para ver como funcionam — funcionavam —, ou importunando infinitamente os adultos com *por quês*. Fomos cientistas também pelo método que utilizamos para descobrir o universo.

A ciência tem a virtude de construir teorias a partir de dados ambíguos e escassos. A partir dos magros restos de luz de algumas estrelas extintas, os cosmologistas puderam elaborar uma teoria aceitável sobre a origem do universo. O procedimento científico é especialmente efetivo quando se conhece o experimento preciso para dirimir dúvidas sobre diferentes teorias. E as crianças são exímias nesse ofício.

Um brinquedo com botões (de pressão, chaves ou alavancas) e funções (luzes, ruído e movimento) é como um pequeno universo. Ao brincar, a criança faz intervenções que lhe permitem revelar os mistérios e descobrir as regras causais desse universo. Brincar, jogar, é descobrir. De fato, a intensidade de jogo de uma criança depende da incerteza que ela tem a respeito das regras que o governam. Além disso, quando não sabe como funciona uma máquina simples, a criança costuma brincar espontaneamente de um modo que se revela o mais efetivo para descobrir

---

* Em seu precioso livro *A arte: Conversas imaginárias com minha mãe*, Juanjo Sáez conta: "Li uma entrevista com Julian Schnabel, artista e diretor de cinema. Ele dizia, para bancar o importante, que havia começado a desenhar aos cinco anos. Como se tivesse sido uma criança superdotada! Que farsante! Todos nós desenhamos quando crianças, e depois alguns param de desenhar e outros não".

o mecanismo de funcionamento. Isso se assemelha muito a um aspecto preciso do método científico: a investigação e a exploração metódica para descobrir e explicitar relações causais no universo.

Mas as crianças fazem ciência num sentido mais estrito: constroem teorias e modelos de acordo com a explicação mais plausível dos dados que observam.

- Existem muitas demonstrações disso, porém a mais elegante — e preciosa — funciona desta forma: a história começa em 1988 com um experimento de Andrew Meltzoff — de novo —, no qual se produz a seguinte cena. Um ator entra em um quarto e se senta diante de uma caixa sobre a qual há um grande botão de pressão, de plástico. Ele o aperta com a cabeça e, como se aquilo fosse uma máquina de fichas que paga uma grande aposta, produz-se uma grande fanfarra de luzes, cores e sons. Em seguida, um bebê de um ano que observava a cena se senta diante da mesma máquina, no colo da mãe. E então, espontaneamente, inclina o torso e aperta o botão com a cabeça.

Terá simplesmente imitado o ator, ou descobriu uma relação causal entre os botões e as luzes? Para dirimir essas duas possibilidades, era necessário um novo experimento, como o que o psicólogo húngaro György Gergely propôs catorze anos depois. Meltzoff pensava que, ao apertar o botão com a cabeça, a criança estava imitando. Gergely tinha outra ideia, muito mais ousada e interessante. As crianças entendem que o adulto é inteligente e, por isso, raciocinam que, se ele não apertou o botão com a mão, o que seria o mais natural, foi porque fazê-lo com a cabeça era estritamente necessário. Ou seja, o raciocínio delas é muito mais sofisticado e inclui uma teoria de como funcionam as coisas e as pessoas.

- Como se detecta esse raciocínio em uma criança que ainda não sabe falar? Gergely resolveu essa questão de maneira simples e elegante. Imagine uma situação análoga na vida cotidiana. Uma pessoa vem caminhando com as mãos carregadas de sacolas e abre uma maçaneta com o cotovelo. Todos nós entendemos que as maçanetas não se abrem com os cotovelos, e que a pessoa o fez porque não tinha alternativa. O que acontece se replicarmos essa ideia no experimento de Meltzoff? Vem o mesmo ator, agora carregado de sacolas, e aperta o botão com a cabeça. Se os bebês simplesmente imitam, farão o mesmo. Mas se, em contraposição, são capazes de pensar logicamente, eles entenderão que o ator o fez com a cabeça porque estava com as mãos ocupadas e, portanto, para que se acione a fanfarra de luzes e sons, basta apertar o botão, não importa como nem com o quê.
Dito e feito. A criança observa o ator que, tendo as mãos ocupadas, pressiona o botão com a cabeça. Depois se senta no colo da mãe e aperta o botão com as mãos. É a mesma criança que, quando viu o ator fazer o mesmo gesto, mas tendo as mãos livres, havia apertado o botão com a cabeça.

As crianças de um ano constroem teorias sobre como funcionam as coisas de acordo com o que observam. E, entre as observações, incluem colocar-se na perspectiva do outro, de quanto este conhece, o que pode e o que não pode fazer. Ou seja, estão fazendo ciência.

## O BOM, O FEIO E O MAU

Começamos este capítulo com os argumentos dos empiristas, segundo os quais todo raciocínio lógico e abstrato acontece logo depois que se adquire a linguagem. Mas vimos que até os recém-nascidos formam conceitos abstratos e sofisticados, têm noções matemáticas e manejam noções da linguagem. Com poucos meses de vida, já exibem uma trama lógica muito sofisticada, que dificilmente imaginaríamos. Agora veremos que as crianças, antes de falar, forjaram também noções morais, talvez um dos pilares fundamentais da trama social humana.

Tal como acontece com os conceitos numéricos e linguísticos, a riqueza mental das crianças sobre noções morais é mascarada por sua incapacidade de governá-la. A torre de controle imatura faz com que as ideias de bom, de mau, de justo, de propriedade, de roubo e de castigo, que já estão bastante instaladas nas crianças pequenas, não possam expressar-se com fluência.

■ Um dos experimentos científicos mais simples e contundentes para demonstrar os juízos morais em bebês foi feito por Karen Wynn em um teatro de marionetes de madeira com três personagens: um triângulo, um quadrado e um círculo. No experimento, o triângulo sobe ao longo de uma colina. De vez em quando recua, para em seguida voltar a subir, e assim, lentamente, vai avançando até chegar cada vez mais alto. Qualquer um que veja isso tem a impressão muito vívida de que o triângulo tem uma intenção (subir) e que isso lhe exige esforço. Claro que o triângulo não tem desejos nem intenções reais, mas é próprio da mente humana atribuir crenças e criar explicações narrativas para aquilo que observamos.

No meio dessa cena aparece um quadrado e se choca com o triângulo, empurrando-o para baixo. Visto com os olhos de um adulto, o quadrado é claramente um infame. Em outros casos, enquanto o triângulo sobe, aparece um círculo e o empurra para cima. Seria, para nós, um círculo nobre, solidário e gentil.

Essa concepção de círculos bons e quadrados maus necessita de uma narrativa — automática e inevitável para os adultos — que, por um lado, atribua intenções a cada objeto — do contrário, frases como "a cadeira se colocou em meu caminho" seriam claramente impossíveis — e, por outro, julgue moralmente cada ente de acordo com esse corpo de intenções.

Atribuímos intenções a outras pessoas, mas também a plantas ("os girassóis buscam o sol"), a construções sociais abstratas ("a história me absolverá", ou "o mercado castiga os investidores"), a entidades teológicas ("se Deus quiser") e a máquinas ("maldita lavadora de roupas"). Essa capacidade de teorizar, de transformar dados em fábulas, é a semente de toda ficção. Por isso podemos chorar diante de um televisor — é estranho chorar porque algo aconteceu a uns pixels de poucos milímetros em uma tela — ou destruir blocos em um iPad como se estivéssemos em uma trincheira francesa durante a Primeira Guerra Mundial.

No espetáculo de marionetes de Wynn só há triângulos, círculos e quadrados, mas nós *vemos* alguém que se esforça, um malvado que o incomoda e um bondoso que o ajuda. Isso significa que, como adultos, temos uma propensão automática a atribuir valores morais. Um bebê de seis meses também tem esse pensamento abstrato formado? Será capaz de elaborar espontaneamente conjecturas morais? Não saberemos isso por seu relato preciso, porque ele não fala, mas podemos descobrir essa narrativa observando suas preferências. O segredo permanente da ciência consiste, justamente, em encontrar uma maneira de relacionar aquilo que desejamos saber — neste caso, se os bebês formam conceitos morais — com o que podemos medir (o que eles escolhem).

E acontece que os bebês de seis meses, antes mesmo de engatinhar, andar ou falar, quando mal estão descobrindo como se sentar e comer com uma colher, já são capazes de inferir intenções, desejos, bondades e maldades a partir de uma trama de movimento.

QUEM ROUBA LADRÃO...

Evidentemente, a construção da moral é muito mais sofisticada. Não basta que alguém ajude para que possamos julgar e sentir se essa pessoa é boa ou má. É preciso levar em conta quem ajuda e em quais circunstâncias. Por exemplo, ajudar um ladrão costuma ser considerado ignóbil. Os bebês prefeririam quem ajuda um ladrão ou quem o agride? Estamos em águas pantanosas dos fundamentos da moral e do direito. Mas, até mesmo nesse mar de confusão, os bebês de nove meses a um ano já têm uma opinião formada.

■ O experimento que o demonstra funciona assim. Os bebês veem uma marionete tentar levantar a tampa de uma caixa para tirar um brinquedo. Depois aparece outra marionete que ajuda a primeira e lhe entrega o brinquedo. Em outra cena, mostra-se, em contraposição, uma marionete antissocial que maliciosamente salta sobre a caixa, fechando-a e impedindo a outra de tirar o brinquedo. Solicitadas a escolher entre as duas marionetes, as crianças preferem aquela que ajuda. Mas, aqui, Wynn buscava algo muito mais interessante: identificar o que os bebês opinam sobre o roubo a um malfeitor, muito antes de conhecerem essas palavras.

Para isso, ela fez um terceiro ato do teatro de marionetes: agora, aquela que ajudou a outra a alcançar o brinquedo perde uma bola. Em alguns casos, nesse jardim de trilhas que se bifurcam, um novo personagem entra em cena e devolve a bola à marionete. Às vezes, outra personagem entra, rouba a bola e foge. Os bebês preferem aquela que devolve a bola. Porém, o mais interessante e misterioso é o que acontece quando essas cenas se dão com a marionete antissocial que saltava maliciosamente sobre a caixa. Nesse caso, os bebês mudam suas preferências. Simpatizam com a personagem que rouba a bola e corre. Para bebês de nove meses, quem dá *ao mau* o que ele merece é mais apreciável do que quem o ajuda, ao menos nesse mundo de marionetes, caixas e bolas.*

Os bebês pré-verbais, ainda incapazes de coordenar a mão para pegar um objeto, fazem algo muito mais sofisticado do que julgar outros pelas ações que cometem. Levam em conta os contextos e a história, o que revela ser uma noção de justiça bastante desenvolvida. A tal ponto são desproporcionais as faculdades cognitivas durante o desenvolvimento inicial de um ser humano.

---

\* ... no qual vivemos.

## A COR DA CAMISETA, MORANGO OU CHOCOLATE

Nós adultos temos vícios não equânimes quando julgamos os outros. Não só levamos em conta a história prévia e o contexto das ações (o que é correto), como também opinamos de modo muito diferente se quem comete as ações, ou quem for o alvo delas, se parece conosco ou não (o que é ruim).

Em todas as culturas, as pessoas tendem a formar mais amizades e a ter mais empatia com aqueles que se assemelham a elas. Em contraposição, costumam julgar mais severamente e mostrar mais indiferença ante o sofrimento daqueles que são diferentes. A história está repleta de acontecimentos em que grupos humanos apoiaram maciçamente ou, no melhor dos casos, ignoraram a violência dirigida contra indivíduos que não se assemelhavam a eles. Isso se manifesta inclusive na justiça formal. Os juízes costumam sentenciar, sem saber, influenciados pelo grau de similitude que têm com a vítima ou com o condenado.

As semelhanças que geram essas predisposições podem ser por aparência física, mas também por questões religiosas, culturais, étnicas, políticas ou esportivas. Estas últimas, por sua suposta inocência maior — embora, como sabemos, possam ter consequências dramáticas —, são as mais fáceis de assimilar e reconhecer. O indivíduo faz parte de um consórcio, de um clube, uma pátria, um continente. Sofre e desfruta coletivamente com esse consórcio. O prazer e a dor são sincrônicos entre milhares de pessoas cuja única semelhança é o pertencimento tribal (uma cor, uma camiseta, um bairro ou uma história) que as amalgama no sentimento. Porém existe algo além disso. O prazer pelo sofrimento de outras tribos. O Brasil comemora a derrota argentina, e a Argentina, a do Brasil. O torcedor do Boca grita fervorosamente diante do gol feito contra o River. No terreno esportivo, o indivíduo deixa fluir a *Schadenfreude*, o prazer pelo sofrimento dos que não se parecem com ele.

Onde começa essa trama? Uma possibilidade é que ela tenha um enraizamento evolutivo ancestral; que, em algum momento da história da humanidade, a vocação para defender coletivamente o que é próprio tenha sido vantajosa e, por conseguinte, adaptativa. Isso é só uma conjectura, mas tem um rastro observável e preciso. Se a *Schadenfreude* é constitutiva do nosso cérebro — fruto de uma aprendizagem lenta na história evolutiva —, deveria expressar-se cedo em nossa vida, muito antes de estabelecermos nossas filiações políticas, esportivas ou religiosas. E é exatamente assim que acontece.

■ Wynn repetiu o experimento de roubar ou ajudar um ladrão, só que com uma diferença crucial: o ajudado ou o furtado não era um ladrão, mas simplesmente alguém diferente. De novo, tudo acontecia em um teatro de marionetes. Antes de passar ao teatro, um bebê com idade entre nove e catorze meses, confortavelmente sentado no colo da mãe, escolhia um entre dois tipos de biscoitos. Aparentemente, essa decisão marca tendências e atribuições fortes, como as que advogam de modo incondicional pelo sorvete de zabaione ou pelo de doce de leite.

Depois entravam, sucessivamente e com uma diferença de tempo considerável, duas marionetes. Uma mostrava afinidade com o bebê e afirmava adorar o biscoito que ele havia escolhido. Em seguida se afastava e, tal como antes, brincava com a bola, esta caía, e ela devia lidar com duas marionetes distintas: uma a ajudava e outra lhe roubava a bola. Os bebês preferiam claramente aquela que ajudava. Quem ajuda um semelhante, do mesmo grupo, é bom. Em contraposição, quando quem brincava era a marionete que havia escolhido o sabor contrário — ou seja, a diferente —, os bebês preferiam aquela que roubava a bola. Como com o ladrão. É a *Schadenfreude* gastronômica: o bebê simpatiza com quem molesta aquele que tem gostos diferentes.

As predisposições morais deixam traços robustos e às vezes insuspeitados. A tendência dos seres humanos a dividir o mundo social em grupos, a preferir o próprio grupo e ser contrário aos outros é herdada, em parte, de predisposições que se expressam muito cedo na vida. Um exemplo particularmente estudado é a linguagem e o sotaque. As crianças pequenas olham mais para uma pessoa se esta tiver um sotaque semelhante e falar sua língua materna (outra razão para defender o bilinguismo). Com o tempo, esse viés do olhar desaparece, mas se transforma em outras expressões. Aos dois anos, as crianças estão mais predispostas a aceitar brinquedos daqueles que falam a sua língua materna. Depois, na idade escolar, esse efeito se torna explícito nos amigos que elas escolhem. Na idade adulta, já conhecemos as segregações culturais, afetivas, sociais e políticas que emergem do simples fato de as pessoas falarem línguas diferentes em territórios próximos. Mas isso não é próprio somente da linguagem. Em geral as crianças, ao longo de seu desenvolvimento, escolhem relacionar-se com o mesmo tipo de indivíduo ao qual teriam dirigido preferencialmente seu olhar na primeira infância.

Como acontece com a linguagem, essas predisposições se desenvolvem, se transformam e se reformam com a experiência. Evidentemente, não há nada em nós que seja meramente inato, porque tudo, em certa medida, toma forma com a experiência cultural e social. Mas o ponto de partida deste livro é entender essas predisposições sem que isso seja, de forma alguma, um modo de avalizá-las. Pelo contrário, revelá-las pode ser uma ferramenta para mudá-las.

## EMÍLIO E A CORUJA DE MINERVA

Em *Emílio, ou Da educação*, Jean-Jacques Rousseau esboça como se deve educar uma pessoa para a cidadania. Hoje, a educação de Emílio seria um tanto exótica. Durante toda a infância, ele não escuta nenhuma lição sobre moral, valores cívicos, política ou religião. Não escuta nenhum dos argumentos que nós, os pais atuais, vociferamos sobre como as coisas devem ser compartilhadas, como é preciso ter consideração pelos demais, e tantos outros esboços de argumentos de justiça. Não. A educação de Emílio se parece muito mais com a que o professor Miyagi dá a Daniel Larusso em *Karatê Kid*: pura práxis, e nada de palavras.

Assim, mediante a experiência, Emílio aprende a noção de propriedade aos doze anos, em pleno entusiasmo com o cultivo de sua horta. Um dia, chega com o regador na mão e vê a horta destruída.

> Ah! o que foi feito do meu trabalho, de minha obra, do doce fruto de meus cuidados e meu suor? Quem me arrebatou meu bem? Quem roubou minhas favas? Este jovem coração se subleva; o primeiro sentimento da injustiça vem verter nele seu triste amargor.

O tutor de Emílio, que destruiu o jardim de propósito, confabula com o hortelão para que este assuma o estrago e esboce uma razão que o ampare. Assim, o hortelão acusa Emílio de ter arruinado os melões que ele havia semeado nesse mesmo terreno. Emílio se vê imerso em um conflito entre dois princípios jurídicos: a convicção de que as favas lhe pertencem, porque trabalhou para produzi-las, e o direito prévio do hortelão, possuidor legítimo da terra.

O tutor nunca explicou essas noções a Emílio, mas Rousseau sustenta que essa é a melhor introdução possível ao conceito de propriedade e responsabilidade. Ao meditar sobre essa situação dolorosa, pela perda e por ter descoberto a consequência de suas ações no sentimento alheio, Emílio entende a necessidade do respeito mútuo para evitar conflitos como o que ele acaba de sofrer. Só depois de ter encarnado essa experiência ele estará preparado para refletir sobre os contratos e os intercâmbios.

A fábula de Emílio tem uma clara moral: não saturar nossos filhos com palavras que carecem de significação para eles. Primeiro, as crianças têm que aprender o significado por meio da experiência concreta. Embora esta seja uma intuição recorrente no pensamento humano, que se repete em grandes marcos na história da filosofia e da educação,* hoje quase ninguém segue essa recomendação. E mais: quase todos nós, os pais, expressamos com o discurso uma interminável enumeração de princípios, que violamos simultaneamente na prática, como o uso do telefone, o

---

* Platão tem a mesma visão que Rousseau — ou melhor, é Rousseau quem o imita. A educação deve começar pela música, pela ginástica e por outros misteres práticos que treinam as virtudes de um bom cidadão da *República*. Só depois de ter percorrido esse longo caminho a pessoa está pronta para compreender a episteme, o verdadeiro conhecimento. Também para Hegel, educa-se primeiro pela ação, e depois pelo discurso. Na experiência da vigília adquire-se o conhecimento, e a teoria só levanta voo ao cair da noite, como a coruja de Minerva. Essa noção retomou grande vigor midiático, em autores como Paul Tough ou Ken Robinson, os quais sugerem que a educação deveria ter menos foco no conhecimento (matemática, linguagem, história, geografia) e mais na prática para promover virtudes como a motivação, o controle ou a criatividade.

que se pode comer ou não, o que se compartilha, sempre dizer *obrigado*, *desculpe* e *por favor*, não insultar, quando Piaget chegar você vai ver só.

Minha impressão é de que toda a condição humana se expressa em uma brincadeira de quebra-pote. Se um marciano chegasse e observasse a complexíssima trama que se desencadeia quando o recipiente é espatifado e cai a chuva de guloseimas, entenderia todos os nossos anseios, vícios, compulsões e repressões. A euforia e a tristeza. Veria a criança que acumula guloseimas até que as mãos não podem reter mais; a que golpeia outra para ganhar vantagem e tempo sobre um recurso limitado; o pai que ensina o filho a compartilhar seu excessivo butim; a criança chorando em um canto, amuada; as trocas no mercado oficial e no mercado negro, e as sociedades de pais que se organizam como microgovernos para evitar a tragédia geral. O filósofo Gustavo Faigenbaum, em Entre Ríos, e o psicólogo Philippe Rochat, em Atlanta, propuseram-se a entender esse mundo. Basicamente, como se forja nas crianças, entre intuições, práxis e mandados, a noção de propriedade e de trocas. Assim inventaram a *sociologia do jogador de bola*.

## I. ME, MINE E OUTRAS PERMUTAÇÕES DE GEORGES

Muito antes de se tornarem grandes juristas, filósofos ou destacados economistas, as crianças — inclusive as que Aristóteles, Platão e Piaget foram um dia — já têm intuições sobre a propriedade. De fato, as crianças expressam os pronomes *me* e *meu* antes de utilizarem o *eu* ou o nome próprio. Essa progressão da linguagem reflete um fato extraordinário: a noção de propriedade precede a de identidade, e não o inverso.

Na batalha precoce pela propriedade ensaiam-se também os princípios do direito. As crianças menores expressam a propriedade de algo com base no argumento de seu próprio desejo: "É meu porque eu o quero".* Tempos depois, perto da fronteira dos dois anos, começam a argumentar, reconhecendo o direito alheio a reclamar a mesma propriedade. Entender a propriedade alheia é um modo de descobrir que existem outros indivíduos. Os primeiros argumentos que as crianças esboçam costumam ser: "Eu peguei primeiro"; "Ele me deu". Essa intuição de que o primeiro a tocar algo adquire indefinidamente o direito ao uso não desaparece na idade adulta. A discussão acalorada por uma vaga no estacionamento, o uso do assento no coletivo ou a posse de uma ilha pelo país que primeiro plantou a bandeira são exemplos privados e institucionais dessa heurística. Talvez por isso não seja surpreendente que os grandes conflitos sociais, como o do Oriente Médio, se perpetuem com base em argumentos muito similares aos esgrimidos durante uma disputa entre crianças de dois anos: "Eu cheguei primeiro", "Ele me deu".

## AS TRANSAÇÕES NO PÁTIO, OU A ORIGEM DO COMÉRCIO E DO ROUBO

Na praça do bairro, o dono da bola se torna, além disso, em certa medida, dono do jogo. Isso lhe dá privilégios, como decidir a formação dos times, não ser goleiro e declarar quando a partida termina. Essas atribuições também podem ser carta de negociação.

---

* Um bebê de menos de dezoito meses chora quando lhe tiram um brinquedo. Ao fazê-lo, manifesta o único argumento que sustenta o que é seu: o desejo.

Gustavo Faigenbaum, em sua viagem ao país da infância,* pesquisou durante meses as trocas, os presentes e demais transações que ocorriam no pátio de uma escola primária. Estudando a troca de figurinhas, descobriu que até no mundo supostamente ingênuo do pátio das crianças a economia se formaliza. Com a idade, os empréstimos e as cessões sobre valores futuros e difusos cedem a vez aos intercâmbios exatos, à noção de dinheiro, à utilidade e ao preço das coisas.

Como no mundo dos adultos, nem todas as transações no país das crianças são lícitas. Há roubos, calotes e traições. A conjectura de Rousseau é que as regras da cidadania se aprendem na discórdia. E é no pátio, mais inócuo do que a vida real, que se produz um caldo de cultura para poder jogar o jogo da lei.

As observações de Wynn e companhia sugerem que as crianças muito pequenas já deveriam poder esboçar raciocínios morais. Em contraposição, o trabalho de Piaget, herdeiro da tradição de Rousseau, indica que o raciocínio moral só se dá a partir dos seis ou sete anos de vida. Gustavo Faigenbaum e eu pensávamos que ambos deveriam ter razão. Nosso desafio era, portanto, unir diferentes nomes importantes da história da psicologia. E, de passagem, entender como as crianças se transformam em cidadãos.

■ O jogo que propusemos a um grupo de crianças com idades de quatro a oito anos começava pela observação de um vídeo com três personagens: um tinha chocolates, outro os pedia e o

---

* Diz o economista Paul Webley: "A infância é outro país, e lá as coisas são feitas de maneira diferente. O que é necessário para interpretar essa cultura são informantes locais. Sem eles, poderemos nos flagrar olhando o pátio de recreio a partir de fora".

terceiro os roubava. Depois fazíamos uma série de perguntas para medir diferentes graus de profundidade da compreensão moral; se preferiam ser amigos do que roubou ou do que pediu* — e por quê —, e o que o personagem que roubou os chocolates deveria fazer para as coisas voltarem a ficar bem com o que foi roubado. Desse modo, investigávamos a noção de justiça nas transações no pátio.

Nossa hipótese era de que a preferência por aquele que pede e não pelo que rouba, uma manifestação implícita de preferências morais — como nos experimentos de Wynn —, já devia estar estabelecida inclusive para as crianças menores. Em contraposição, a justificação dessas opções e a compreensão sobre o que é preciso fazer para compensar os danos causados — como nos experimentos de Piaget — deveriam ser forjadas durante o desenvolvimento mais avançado. Foi exatamente o que aconteceu. Já na turma de quatro anos, as crianças preferem brincar com aquele que toma algo emprestado, e não com o que rouba. Refinando mais a pesquisa, descobrimos também que elas preferem brincar com o que rouba com atenuantes do que com quem o faz com agravantes.

O mais interessante, porém, é o seguinte. Quando perguntávamos a uma criança de quatro anos por que escolhia o que tomava emprestado, em vez do ladrão ou o que rouba com atenuantes, as respostas eram do tipo "porque é louro" ou "porque eu queria que ele fosse meu amigo". É uma espécie de governo moral completamente cego às suas causas e razões. Em contraposição,

---

* Evidentemente, não utilizamos essas palavras no experimento para evitar sugerir preferências através da linguagem. Cada personagem tinha nome, e o gênero do que tomava emprestado ou tinha roubado mudava para diferentes crianças, a fim de nos assegurarmos de que não houvesse nenhum viés na investigação.

as crianças maiores escolhem o "mais nobre" dos personagens e exprimem razões morais, protojurídicas, para justificar sua escolha. Nosso veredicto, em um julgamento salomônico que parecia insolúvel entre Wynn e Piaget? Ambos tinham razão. Mas todo experimento traz suas surpresas em aspectos insuspeitados da realidade. Este não foi exceção. Gustavo e eu concebemos o experimento a fim de estudar o que denominamos *o custo do roubo*. Nossa intuição era de que as crianças responderiam que quem roubou dois chocolates deveria devolver os dois roubados mais outros tantos que servissem como indenização para reparar o dano. Mas isso não aconteceu. A grande maioria das crianças considerou que o ladrão devia devolver exatamente os dois chocolates que havia roubado. E mais: quanto maiores eram as crianças, mais aumentava a fração das que advogavam uma retribuição exata. Nossa hipótese era errônea. As crianças são muito mais dignas em termos de moral do que havíamos imaginado. Entendem que o ladrão cometeu uma infração, que deve repará-la devolvendo o que roubou, e com um correspondente pedido de desculpas. Mas o custo moral do roubo não se resolve na mesma moeda da mercadoria roubada. Na justiça das crianças, não existem fianças que absolvam o crime.

Se encararmos as transações infantis como um modelo de brincadeira de direito internacional, esse resultado, em retrospectiva, é extraordinário. Uma norma implícita, e nem sempre respeitada nos conflitos internacionais, é não incrementar as represálias. E a razão é simples. Se alguém rouba dois e, como consequência, o outro exige quatro, o crescimento exponencial dessa espécie de represália resulta nocivo para todos. Até mesmo na guerra há regras, e regular a escalada de represálias — que, é claro, tem grandes exceções na história da humanidade — é um princípio que assegura um mínimo de contenção da violência.

## JACQUES,* O INATISMO, OS GENES, A BIOLOGIA, A CULTURA E UMA IMAGEM

Ao longo deste capítulo, mesclamos argumentos biológicos, como o desenvolvimento do córtex frontal, com argumentos cognitivos, como o desenvolvimento precoce das noções morais. E em outros exemplos, como o do bilinguismo ou o da atenção, investigamos de que modo se combinam esses argumentos. No desafio para entender o pensamento humano, a divisão entre biologia, psicologia e neurociência é uma mera declaração de castas. À natureza, não importam as barreiras artificiais do conhecimento.

O cérebro atual é praticamente igual ao de 60 mil anos atrás, pelo menos, quando o homem moderno migrou da África e a cultura era completamente diferente. Isso mostra de forma contundente que o devir e o potencial de expressão de um indivíduo se forjam em seu nicho social. Um dos argumentos deste livro é que também é praticamente impossível entender o comportamento humano ignorando os traços do órgão que o constitui: o

---

* Jacques Mehler é um dos muitos argentinos exilados, políticos e intelectuais. Formou-se com Noam Chomsky no Massachusetts Institute of Technology (MIT), no epicentro da revolução cognitiva. Dali dirigiu-se a Oxford e em seguida à França, onde se tornou o pai e fundador da extraordinária escola de ciências cognitivas em Paris. Da Argentina, foi expulso não só como pessoa, mas também como pensador. Durante muitos anos, Jacques era recebido com grandes fanfarras em todo o mundo, com uma só exceção: a Argentina. Lá, era acusado de ser reacionário por sustentar que o pensamento humano tinha uma base biológica. Era o célebre divórcio entre as ciências humanas e as exatas, que na psicologia se expressou com particular vigor. Pensar em uma instrumentação biológica da mente era uma espécie de assalto à liberdade. Gosto de ver este livro como uma ode e um reconhecimento à trajetória de Jacques. Um espaço de liberdade adquirido por um esforço que ele desencadeou contra a corrente. Um exercício de diálogo.

cérebro. A maneira como interagem e se contrabalançam o conhecimento social e o biológico depende, é claro, de cada caso e de suas circunstâncias. Há casos em que a constituição biológica é decisiva. Outros estão determinados fundamentalmente pela cultura e pela trama social. Não é muito diferente do que acontece com o resto do corpo. Os fisioterapeutas e treinadores sabem que a resistência física tem uma enorme capacidade de mudança, ao passo que a velocidade é essencialmente constitutiva.

Mas não se trata somente de distribuir pesos e capacidades entre o biológico e o cultural, e sim de entender que eles estão intrinsecamente relacionados. Uma primeira intuição completamente infundada, por exemplo, é de que a biologia precede o comportamento, que existe uma ordem linear, uma espécie de predisposição biológica inata que mais tarde segue trajetórias distintas. Não é assim; a trama social afeta a própria biologia do cérebro. Isso fica claro em um exemplo dramático no qual se observam os cérebros de duas crianças de três anos. Uma cresce com afeto e educação normal e a outra, sem apoio afetivo, educacional e social. O cérebro desta última não só é anormalmente pequeno, como também seus ventrículos, as cavidades por onde flui o líquido cefalorraquidiano, têm um tamanho anormal. Com um pouco de atenção, também é possível ver fraturas ao longo da substância cinzenta, as quais denotam uma atrofia cortical.

Então, diferentes experiências sociais resultam em cérebros completamente diferentes. Um carinho, uma palavra, uma imagem, cada experiência da vida deixa uma marca no cérebro. Essa marca o modifica e, com isso, a maneira de responder a algo, a predisposição a se relacionar com alguém, os anseios, os desejos, os sonhos. Ou seja, o social modifica o cérebro, e isso, por sua vez, define o que somos como seres sociais.

Uma segunda intuição infundada consiste em pensar que algo, por ser biológico, é estático. É a associação automática entre o biológico e o constitutivo. A altura de alguém é *biológica*, e pouco se pode fazer para mudar isso. O idioma que uma pessoa fala é *cultural* e, portanto, completamente livre e flexível. Mas ocorre que a altura é um exemplo ruim. Muitas predisposições — para a música, por exemplo — que têm a ver com uma constituição biológica do córtex auditivo são bastante maleáveis pela experiência social, que por sua vez sofre mudanças e modifica o cérebro.

Assim, o social e o biológico estão intrinsecamente relacionados em uma rede de redes. A ruptura dessa relação não é própria da natureza, mas de nossa maneira obtusa de entendê-la.

# 2. O contorno da identidade

*Como escolhemos, e o que nos faz confiar (ou não)
nos outros e em nossas próprias decisões?*

Nós somos o que decidimos. Somos aquele que escolhe viver a vida assumindo riscos ou, ao contrário, de maneira conservadora. Aquele que mente quando isso lhe parece oportuno ou aquele que prioriza a verdade, custe o que custar. Aquele que economiza para um futuro distante ou aquele que vive no presente. Esse conjunto enorme de ações define o contorno de nossa identidade. Como resumiu José Saramago em *Todos os nomes*: "A rigor, não tomamos decisões, as decisões nos tomam a nós". Ou, na versão mais contemporânea, pela qual Albus Dumbledore ensina a Harry Potter: "São nossas escolhas, Harry, muito mais do que nossas habilidades, que mostram o que realmente somos".

Quase todas as decisões são mundanas, porque nossa vida transcorre na cotidianidade. Decidir se visitaremos um amigo depois do trabalho; se faremos um trajeto de ônibus ou de metrô; se preferimos batata ou marmelo. De maneira imperceptível, como se cada alternativa se decantasse naturalmente, comparamos o universo de opções possíveis em uma balança mental, pesamos tudo e por fim decidimos (marmelo, claro). Sobre essas alternativas, acionamos os circuitos cerebrais que formam a maquinaria da decisão.

Nossas decisões se resolvem quase sempre com base em informação incompleta e dados imprecisos. Quando um pai escolhe o colégio para o qual mandará o filho, ou um ministro da Economia resolve mudar a política tributária, ou um jogador de futebol opta entre chutar direto para o gol ou fazer um passe na área, em todas essas ocasiões só é possível esboçar de maneira aproximada as futuras consequências daquilo que foi decidido. A tomada de decisão tem algo de adivinhação, uma certa conjectura sobre um futuro que é necessariamente impreciso. *Eppur si muove*. A máquina funciona. Isso é o mais extraordinário.

## CHURCHILL, TURING E SEU LABIRINTO

Na vasta história das decisões humanas, há uma que fundamenta e resume, ao mesmo tempo, o funcionamento do cérebro quando se toma uma decisão. Em 14 de novembro de 1940, cerca de quinhentos aviões da Luftwaffe, a força aérea da Alemanha nazista, cruzaram quase sem resistência a Inglaterra, até o centro do país, e durante sete horas bombardearam a cidade industrial de Coventry. Muitos anos depois de terminada a guerra, o capitão Frederick William Winterbotham revelou que Winston Churchill[*] poderia ter evitado aquele bombardeio se tivesse decidido usar uma arma secreta descoberta anteriormente pelo jovem matemático britânico Alan Turing.

---

[*] No livro em que descreve sua perspectiva da Segunda Guerra Mundial — pelo qual ganhou o prêmio Nobel de Literatura —, Churchill não menciona essa história, que hoje é controvertida. Na realidade, Churchill não fala de nenhuma operação de inteligência, após reconhecer o erro que havia cometido ao revelar informações em seu livro sobre a Primeira Guerra, que acabaram sendo úteis para o Eixo na Segunda.

Turing havia realizado uma proeza científica que dava aos Aliados uma vantagem estratégica capaz de decidir o curso da Segunda Guerra Mundial. Havia criado um algoritmo capaz de decifrar o Enigma, o sofisticado sistema mecânico feito de peças circulares — como um cadeado com combinação numérica — que permitia aos nazistas codificarem suas mensagens militares e torná-las indecifráveis para seus inimigos. Winterbotham explicou que, com o Enigma decifrado, os serviços secretos haviam obtido as coordenadas do bombardeio a Coventry com antecedência suficiente para tomar medidas preventivas. Nas horas prévias ao bombardeio, então, Churchill teve que decidir entre duas opções: uma emocional e imediata — evitar o horror de uma matança de civis — e outra racional e calculada — sacrificar Coventry, não revelar aos nazistas sua descoberta, e guardar essa carta na manga para lançar mão dela no futuro. Churchill decidiu, a um custo de quinhentos civis mortos e uma cidade destruída, manter em segredo essa vantagem estratégica sobre seus inimigos alemães.

O algoritmo de Turing avaliava simultaneamente todas as configurações — cada uma correspondente a um possível código — e, de acordo com sua capacidade de predizer uma série de mensagens esperáveis, atualizava a probabilidade de cada uma delas. Esse procedimento continuava até que a probabilidade associada a uma das configurações alcançasse um nível suficientemente alto. A descoberta, além de precipitar o triunfo aliado, abriu uma nova janela para a ciência. Meio século depois que a guerra terminou, descobriu-se que o algoritmo concebido por Turing para decodificar o Enigma era o mesmo que o cérebro humano utiliza para tomar decisões. O grande matemático inglês, que não por acaso foi um dos fundadores da computação e da inteligência artificial, forjou na urgência da guerra o primeiro modelo — e o mais eficiente até o dia de hoje — para entender o que acontece em nosso cérebro quando tomamos uma decisão.

O CÉREBRO DE TURING

Como no procedimento esboçado por Turing, o mecanismo cerebral para tomar decisões se constrói sobre um princípio extremamente simples: o cérebro elabora uma paisagem de opções e desencadeia entre elas uma corrida que terá um só vencedor.

Basicamente, o cérebro transforma a informação obtida através dos sentidos em um conjunto de votos a favor de uma ou de outra opção. Os votos se acumulam até alcançar um limiar no qual o cérebro considera que a coleta de evidências é suficiente para tomar uma decisão. Esses circuitos que articulam a tomada de decisão no cérebro se tornaram tangíveis graças ao talento de um grupo de pesquisadores, tendo à frente William Newsome e Michael Shadlen. Tratava-se de encontrar um desenho experimental suficientemente simples para poder esmiuçar no tempo cada elemento da decisão e suficientemente elaborado para representar decisões da vida real.

- O experimento funciona assim. Uma nuvem de pontos se move em uma tela. Muitos o fazem de maneira caótica e desordenada. O resto o faz de forma coerente, em uma direção única. O jogador, um adulto, uma criança, um macaco ou, às vezes, um computador, decide até onde crê que essa nuvem de pontos se move, em média. É a versão eletrônica de um navegador levantando o dedo para decidir, em meio à turbulência, de onde sopra o vento. Como é natural, o jogo se torna mais fácil à medida que mais e mais pontos se movem na mesma direção.

Enquanto os macacos jogavam isso milhares de vezes, os pesquisadores registravam sua atividade neuronal, formada por correntes elétricas que se produzem no cérebro. Muitos anos e variantes desse exercício se decantaram em três princípios do algoritmo de Turing para a tomada de decisão.

1) Um conjunto de neurônios do córtex visual recebe informação dos órgãos sensoriais. O neurônio responde mais quando a nuvem de pontos se move em uma determinada direção. A cada instante, a corrente do neurônio reflete a quantidade e a direção do movimento, mas não acumula a história dessas observações.
2) Os neurônios sensoriais se conectam com outros neurônios do córtex parietal que acumulam essa informação no tempo. Assim, os circuitos neuronais do córtex parietal codificam como vai mudando, no tempo, a predisposição a favor de cada ação possível no espaço de decisões.
3) À medida que a informação a favor de uma opção se acumula, o circuito parietal que codifica essa opção aumenta sua atividade elétrica. Quando a atividade alcança um determinado limiar, um circuito de neurônios em estruturas profundas do cérebro — conhecidas como os gânglios basais — dispara a ação correspondente e reinicia o processo para abrir caminho à decisão seguinte.

A melhor maneira de se convencer de que o cérebro decide por meio de uma corrida no córtex parietal é mostrar que é possível condicionar a resposta de um macaco injetando corrente nos neurônios que codificam a evidência a favor de uma opção. Shadlen e Newsome fizeram esse experimento. Enquanto um macaco via uma nuvem de pontos que se moviam completamente ao acaso, com um eletrodo injetaram-lhe corrente nos neurônios parietais que codificam movimento para a direita. E, embora os sentidos indicassem um empate de movimentos, o macaco sempre respondia que os pontos se moviam para a direita. Isso equivale a emular uma fraude eleitoral, injetando manualmente votos na urna que representa determinada opção.

Essa série de experimentos permitiu, ademais, identificar três traços fundamentais do processo de tomada de decisão. Que relação tem a clareza da evidência com o tempo que usamos para tomar uma decisão? Como as opções se enviesam em consequência de preconceitos ou conhecimento prévio? Quando é realmente suficiente, para decidir-se, a evidência a favor de uma opção?

As respostas a essas três perguntas estão entrelaçadas. Quanto mais incompleta é a informação, mais lenta é a acumulação de evidência. Observa-se isso diretamente no laboratório quando se registra a atividade dos neurônios do córtex parietal durante uma decisão. No experimento dos pontos em movimento, quando quase todos os pontos se movem ao acaso, a *rampa* de ativação nos neurônios que codificam a evidência é muito pouco empinada. A acumulação fica lenta porque a evidência não é clara. E se o limiar de evidência necessária se mantém, levará mais tempo para cruzá-lo; isto é, para alcançar o mesmo valor de verossimilhança. A decisão é cozinhada em fogo lento, mas no final consegue alcançar o mesmo ponto de cocção.

E como se estabelece o limiar? Ou, em outras palavras, como o cérebro determina quanta evidência é suficiente? Isso depende de um cálculo que o cérebro faz de maneira indiscutivelmente precisa, e que Turing emulou, o qual pondera o custo de equivocar-se e o tempo disponível para a decisão.

O cérebro determina o limiar de tal modo que otimiza o ganho resultante de uma decisão. Para isso, combina circuitos neuronais que codificam:

1) O valor da ação.
2) O custo do tempo investido.
3) A qualidade da informação sensorial.
4) Uma urgência endógena de responder, algo que reconhecemos como a ansiedade ou a impaciência por tomar uma decisão.

Se no jogo da nuvem de pontos os erros forem severamente castigados, os jogadores (crianças, adultos ou macacos) aumentam o limiar de quantidade de evidência de que precisam para decidir e demoram mais tempo para responder. Ao contrário, se os erros não forem punidos e a melhor estratégia for responder depressa para acumular muitas oportunidades de recompensa, os jogadores reduzem esse limiar. O notável é que, na maioria dos casos, esse ajuste adaptativo não é consciente. O tomador de decisões sabe muito mais do que acredita saber. Isso nem sempre acontece para as decisões conscientes. Todos nós recordamos haver *adiado* em algum momento uma decisão urgente ou, ao contrário, ter nos apressado em uma que requeria paciência. Mas, em contraposição, em muitíssimas decisões inconscientes o cérebro ajusta de forma excelente, e sem que tenhamos registro, o limiar de decisão.

## TURING NO SUPERMERCADO

No laboratório, investigamos como funciona a maquinaria cerebral que nos permite tomar decisões diariamente: o motorista que decide avançar ou não o sinal amarelo; o juiz que decide condenar ou absolver um acusado; o eleitor que escolhe votar neste ou naquele candidato; o consumidor que se beneficia ou é vítima de uma promoção. A conjectura é que todas essas decisões, embora pertençam a domínios diferentes e tenham suas idiossincrasias, são resultado da mesma maquinaria de decisão.

Um dos aspectos principais desse mecanismo, que está no âmago do esquema de Turing, consiste em como perceber quando é o momento de parar de acumular evidências. O problema é expressado pelo célebre paradoxo do filósofo Jean Buridan, na Idade Média: um jumento hesita indefinidamente entre dois montículos idênticos de feno e, em consequência, acaba morrendo de fome. Na verdade, o paradoxo apresenta um problema para o modelo puro de Turing. Se a quantidade de *votos* a favor de cada alternativa é idêntica, a corrida cerebral resulta em um empate que nunca se resolve. Para evitar isso, o cérebro procede da seguinte maneira: quando considera que se passou tempo suficiente, inventa atividade neuronal e a distribui aleatoriamente entre os circuitos que codificam cada opção. Como essa corrente é aleatória, uma das opções acaba tendo mais votos a favor e, portanto, vence a corrida. É como se o cérebro jogasse cara ou coroa e usasse seu próprio acaso para resolver um empate. Assim, decide em um tempo razoável, embora a evidência seja pouca. Quanto é razoável demorar a tomar uma decisão depende de estados internos do cérebro — por exemplo, se estamos menos ou mais ansiosos — e de fatores externos que afetam o modo como ele mede o tempo.

Uma das formas pelas quais o cérebro estima o tempo consiste em simplesmente contar pulsações: passos, batidas do coração, respiração, vaivéns de um pêndulo ou o *tempo* da música. Por exemplo, quando fazemos exercício, calculamos mentalmente um segundo mais depressa do que se estivéssemos em repouso, porque cada batida do coração — e, por conseguinte, cada pulsação do relógio interno — é de fato mais rápida. O mesmo acontece com o *tempo* da música. O relógio se acelera com o ritmo e, portanto, o tempo passa mais depressa. Será que essas mudanças do relógio interno nos fazem decidir com rapidez e baixar o limiar de decisão?

De fato, a música tem consequências muito mais diretas do que o que reconhecemos em nossas decisões. Dirigimos um veículo, compramos e caminhamos de modo diferente segundo a música que escutamos. À medida que o *tempo* da música aumenta, o limiar de decisão se reduz e, em consequência, o risco em quase todas as decisões é maior. Um motorista muda de pista com mais frequência, avança mais sinais amarelos, adianta-se mais e ultrapassa mais vezes a velocidade permitida à medida que a velocidade da música que ele escuta aumenta. O *tempo* da música também dita o tempo que estamos dispostos a aguentar pacientemente em uma sala de espera ou a quantidade de produtos que nos dispomos a comprar em um supermercado. Sem necessidade de conhecer o estardalhaço da maquinaria de Turing, isso é aproveitado por muitos gerentes de supermercado que sabem que a música ambiente é uma peça-chave na dinâmica de vendas. Nossa máquina de tomada de decisão é previsível a esse ponto, de cujas engrenagens mal temos registro consciente!

Outro ajuste fundamental da máquina de decisões consiste em determinar em que lugar começa a corrida. Quando uma das alternativas está enviesada, os neurônios que acumulam informação a favor dela arrancam com uma carga elétrica inicial, como quem faz uma corrida arrancando com um handicap de alguns metros de vantagem. Em alguns casos, os vieses podem ter uma influência fundamental; por exemplo, na decisão de doar órgãos.

Os estudos demográficos de doação de órgãos agrupam os diferentes países em duas classes; alguns nos quais quase todos os habitantes aceitam doar órgãos, e outros nos quais quase ninguém o faz. Não é preciso ser muito versado em estatística para entender que a ausência de meias-tintas é o que mais chama a atenção. O motivo é extremamente simples: o que determina se uma pessoa resolve doar órgãos é o que está escrito no formulário. Nos países onde a planilha diz: "Se quiser doar órgãos, assine aqui", ninguém o faz. Em contraposição, nos países onde a planilha diz: "Se NÃO quiser doar órgãos, assine aqui", quase todo mundo doa. A explicação de ambos os fenômenos vem de um traço mais ou menos universal e que não tem nada a ver com a religião nem com a vida nem com a morte, mas com o fato de que ninguém completa o formulário.

Quando nos oferecem uma paisagem de opções, nem todas começam a correr a partir do mesmo ponto; as que nos dão por default partem com vantagem. Se, além disso, o problema for de difícil solução, o que faz com que a evidência a favor de qualquer opção seja pequena, ganha quem começa com aquela vantagem. Este é um exemplo muito claro de como os Estados podem garantir a liberdade de escolha, mas, ao mesmo tempo, desviar — e, na prática, ditar — o que decidimos. Mas também revela uma característica do ser humano, seja ele holandês, mexicano, católico, protestante ou muçulmano: nosso mecanismo de tomada de decisão sofre um colapso diante de situações difíceis. Então, aceitamos o que nos oferecem por default, aquilo que vier.

## CORAÇONADAS: A METÁFORA PRECISA

Até agora falamos dos processos de tomada de decisão como se pertencessem a uma classe comum, fossem regidos pelos mesmos princípios e executados no cérebro por circuitos similares. Contudo, todos percebemos que as decisões que tomamos pertencem a pelo menos duas formas qualitativamente distintas; algumas são racionais, e poderíamos esgrimir seus argumentos; as outras, não. São as coraçonadas, aquelas decisões inexplicáveis que sentimos terem sido ditadas pelo corpo. Mas são realmente duas maneiras de decidir? Será que nos convém escolher algo de acordo com nossas intuições, ou é melhor deliberar cuidadosa e racionalmente cada decisão?

Em geral, associamos a racionalidade com a ciência, ao passo que a natureza das emoções parece misteriosa, esotérica e essencialmente inexplicável. Derrubemos esse mito com um experimento simples:

- Os neurocientistas Lionel Naccache e Stanislas Dehaene — meu orientador em Paris — fizeram um experimento no qual mostram a uma pessoa um cartão com um número, tão fugazmente que ela acredita não ter visto nada. A essa apresentação, que não chega a ativar a consciência, dá-se o nome de subliminar. Depois, pedem que ela diga se o número do cartão é maior ou menor do que cinco, e acontece algo extraordinário na perspectiva de quem decide, pois na maioria dos casos a resposta está certa. A pessoa que toma a decisão percebe-a como uma coraçonada, mas, do ponto de vista do experimentador, fica claro que a decisão foi induzida de forma inconsciente mediante um mecanismo muito semelhante ao das decisões conscientes.

Ou seja: no cérebro, as coraçonadas não são assim tão diferentes das decisões racionais. Mas o exemplo anterior não capta toda a riqueza da fisiologia das decisões inconscientes. De fato, a etimologia imediata do termo espanhol "corazonada" — um processo que se origina no coração, e não no cérebro — acrescenta uma boa dose de precisão sobre a gênese.

Para entender isso, basta morder um lápis. Experimente colocar um lápis entre os dentes, atravessado de um canto a outro da boca. Inevitavelmente, os lábios se estiram, assemelhando-se a um sorriso. Este, claro, é um efeito mecânico, e não o reflexo de uma emoção. Mas não importa, de qualquer modo você sente um certo bem-estar. A mera expressão de sorriso é suficiente para isso. Nessa situação, uma cena de filme nos pareceria mais divertida do que se prendêssemos o lápis com os lábios, como se fizéssemos um bico, produzindo uma careta muito mais séria. Então, a decisão de que algo é engraçado ou aborrecido não se origina somente numa avaliação do mundo exterior, mas também em reações viscerais que se produzem no mundo interior. Descobrimos que alguém nos agrada, que algo envolve risco ou que um gesto nos emociona porque o coração nos bate mais rapidamente.

Isso revela um princípio importante. O cérebro recebe dos sentidos informação emocional — digamos, por exemplo, de tristeza ou alegria — que depois se expressa em variáveis corporais. Às emoções se associam expressões faciais, aumento da umidade da pele, do ritmo cardíaco ou da produção de adrenalina. Essa é a parte mais intuitiva do diálogo. Mas o experimento do lápis mostra que esse diálogo é recíproco, pois o cérebro identifica variáveis corporais para decidir se sente uma emoção. Tanto é assim que a indução mecânica de um sorriso faz com que nos sintamos melhor ou que avaliemos algo mais positivamente do que quando nosso rosto expressa seriedade.

Que os estados corporais possam afetar nosso processo de decisão é uma demonstração fisiológica e científica daquilo que percebemos como uma coraçonada. Quando se toma uma decisão de modo inconsciente, o córtex cerebral avalia diferentes alternativas e, ao fazê-lo, estima possíveis riscos e benefícios de cada opção. O resultado desse cômputo se expressa em estados corporais a partir dos quais o cérebro pode reconhecer o risco, o perigo ou o prazer. O corpo se torna um reflexo do mundo exterior.

O CORPO NO CASSINO E NO TABULEIRO

O experimento-chave para demonstrar como as decisões se nutrem de coraçonadas foi feito com dois maços de cartas.

■ Como em tantos jogos de mesa, aqui se mesclam os ingredientes das decisões da vida real: ganhos, perdas, incertezas e riscos. O jogo é simples, mas imprevisível. Em cada turno, o jogador só escolhe de que maço vai tirar uma carta. O número da carta descoberta indica as moedas que se ganham (ou se perdem, se for negativo). À medida que vai descobrindo cartas, a pessoa tem que avaliar qual dos maços é mais rentável ao longo de todo o experimento.
Tal como uma pessoa, no cassino, que precisa escolher entre duas máquinas caça-níqueis somente observando durante um tempo quantas vezes e quanto paga cada uma. Mas, à diferença do cassino, este jogo, idealizado pelo neurobiologista António Damásio, não é puro acaso; há um maço que, em média, paga mais do que o outro. Se essa regra for descoberta, o procedimento é simples: escolher sempre do maço que paga mais. Este é o truque infalível.

A dificuldade está em que o jogador tem de descobrir essa regra ponderando\* uma longa história de pagamentos em meio a grandes flutuações. Depois de muitíssima prática, quase todos descobrem a regra, são capazes de explicá-la e, naturalmente, de escolher cartas do maço correto. Mas o grande achado sucede enquanto se forja a descoberta, entre intuições e coraçonadas. Mesmo antes de conseguirem enunciar a regra, os participantes começam a jogar bem e escolhem com mais frequência as cartas do maço correto. Nessa fase, embora joguem muito melhor do que se o fizessem ao acaso, eles não conseguem explicar por que optam pelo maço correto (o que paga mais, a longo prazo). Às vezes, nem sequer sabem que escolhem mais cartas de um maço do que do outro. Mas, no corpo, aparecem sinais inequívocos. De fato, nessa etapa, quando o jogador está prestes a escolher do maço incorreto, a condutância de sua pele aumenta, indicando um aumento na transpiração, o que, por sua vez, é reflexo de um estado emocional. Isto é, o jogador não consegue explicar que um dos maços se revela melhor do que o outro, mas seu corpo já sabe disso.

■ Eu e minha colega María Julia Leone, neurocientista e mestra internacional de xadrez, fizemos esse experimento no tabuleiro, seguindo a receita borgeana do xadrez como metáfora da vida. Dois mestres se enfrentam. Têm trinta minutos para tomar uma série de decisões que organizam seus exércitos. No tabuleiro, a batalha é até a morte e as emoções afloram. Durante a partida, registramos o traçado do coração dos jogadores.

---

\* Pensar vem do latim *pensare*, que por sua vez deriva de *pendere*, que significa pendurar e pesar. Pensar é comparar argumentos na balança mental. Na etimologia da palavra, pensar é decidir. Ao observar cada um dos maços, o jogador está pensando no sentido mais estrito e puro da palavra.

O ritmo cardíaco — assim como no estresse — aumenta com o transcurso da partida, à medida que o tempo urge e o fim da batalha se aproxima. O coração também dispara quando o oponente comete um erro que decide o curso da partida. Porém, o mais importante que descobrimos foi o seguinte: poucos segundos antes de um jogador cometer um erro, seu ritmo cardíaco muda. Isto é, em uma situação de incontáveis opções, com uma complexidade que se assemelha à da própria vida, o coração se alarma muito antes de tomar uma decisão ruim. Se o jogador percebesse isso, se soubesse escutar o que diz seu coração, poderia talvez evitar muitos dos erros que acaba cometendo.

Isso é possível porque o corpo e o cérebro têm as chaves para a tomada de decisão muito antes que esses elementos se tornem conscientes para nós; as emoções expressadas no corpo funcionam como um alarme que nos alerta sobre possíveis riscos e erros. Isso faz desmoronar a ideia de que a intuição pertence ao âmbito da magia ou da adivinhação. Não há nenhum conflito entre a ciência e as coraçonadas; pelo contrário, as intuições funcionam de mãos dadas com a razão e a deliberação, em pleno território da ciência.

## DECISÕES OU CORAÇONADAS?

A resposta é definitiva: depende. O psicólogo social Ap Dijksterhuis descobriu, em um experimento que até hoje gera controvérsias, que a complexidade da decisão é o que dita quando convém deliberar e quando intuir. Dijksterhuis encontrou essa regularidade tanto em decisões *de brincadeira*, no laboratório, quanto em decisões na vida real.

- No laboratório, ele construiu um jogo no qual era preciso avaliar duas opções, por exemplo dois carros, e escolher a que maximizava alguma função de utilidade. Às vezes, as duas alternativas diferiam somente numa dimensão, como o preço. Nesse caso, a decisão era simples: melhor o mais barato. Depois, o problema se tornava progressivamente mais complexo, pois os dois carros diferiam em consumo, preço, segurança, conforto, risco de roubo, capacidade, poluição.

O achado mais surpreendente de Dijksterhuis foi que, quando há muitos elementos em jogo, a coraçonada é mais efetiva do que a deliberação. Algo semelhante ao que intuíram Les Luthiers, o grupo argentino de humor, em sua célebre paródia "El que piensa, pierde" [Quem pensa perde].

O mesmo padrão aparece em decisões na rua. Para observar isso, perguntou-se a transeuntes que acabavam de comprar pasta de dentes — escolha absolutamente simples — como haviam tomado essa decisão. Um mês depois, aquele que havia ponderado mais a decisão estava mais satisfeito do que aquele que não a tinha. Em contraposição, observou-se o resultado oposto quando entrevistaram pessoas que acabavam de comprar móveis (uma decisão complexa, com muitas variáveis, como preço, volume, qualidade, beleza). Assim como no laboratório, os que pensaram menos escolheram melhor.

Os procedimentos de ambos os experimentos são bem distintos, mas a conclusão é a mesma. Quando tomamos uma decisão que se resolve ponderando um número pequeno de elementos, escolhemos melhor se levarmos um tempo pensando. Em contraposição, quando o problema é complexo, em geral decidimos melhor seguindo uma coraçonada do que se meditarmos longamente e dermos muitas voltas — mentais — ao assunto.

Algo sabemos da consciência: é bastante estreita e nela podemos alojar pouca informação. Já o inconsciente é muito mais vasto. Isso nos permite entender por que, para tomar decisões com poucas variáveis em jogo — preço, qualidade e tamanho de um produto, por exemplo —, nos convém pensar bem antes de agir. Ante esse tipo de situações nas quais podemos avaliar mentalmente todos os elementos ao mesmo tempo, a decisão racional é melhor e mais eficiente. Também entendemos por que, quando estão em jogo muito mais variáveis do que a consciência é capaz de manipular ao mesmo tempo, as decisões inconscientes, rápidas e intuitivas, mesmo quando apenas aproximadas, mostram-se mais eficientes.

## FAREJANDO O AMOR

Talvez as decisões mais importantes e complexas que tomamos sejam as sociais e as afetivas. Pareceria estranho, quase absurdo, decidir de maneira deliberada por quem se apaixonar, avaliando aritmeticamente os argumentos favoráveis e contrários à pessoa que tanto nos agrada. Não é assim que acontece. A pessoa simplesmente se enamora por razões que em geral desconhece e que só consegue esboçar algum tempo depois.

Nas chamadas *festas do feromônio*, os participantes cheiram as roupas usadas dos outros convidados, que as penduraram em cabides. Simplesmente assim, através do olfato, resolvem de quem vão se aproximar. Escolher desse modo parece natural porque associamos o olfato à intuição, como quando dizemos: "Isto me cheira mal". E porque todos reconhecemos o que é evocado pelo íntimo e indescritível odor da pessoa amada nos lençóis. Mas ao mesmo tempo é estranho, porque, claro, o olfato não é o mais preciso dos nossos sentidos. Enfim, parece bastante provável que a pessoa tenha uma grande decepção cheirando um companheiro ou companheira de festa e depois tendo que fugir assustada, blasfemando contra a insensatez de seu nariz.

- O biólogo suíço Claus Wedekind usou esse jogo para um experimento de extraordinária importância. Fez alguns homens usarem cada um a mesma camiseta, sem desodorante nem perfume, durante alguns dias. Em seguida, uma série de mulheres cheirava as camisetas e dizia quão prazeroso lhe parecia cada odor — também se fez o inverso, é claro: elas transpirando em camisetas e eles escolhendo. Wedekind não fez esse experimento às cegas, para ver se encontrava algum resultado curioso: partiu de uma hipótese que havia elaborado ao observar o comportamento de roedores e de outras espécies. Explorava com base na premissa de que, em matéria de odores, gostos e preferências inconscientes, somos muito semelhantes ao animal que todos carregamos dentro de nós.

Cada indivíduo tem um repertório imune diferente, o que explica, em parte, por que, diante do mesmo vírus, alguns adoecemos e outros não. Podemos pensar cada sistema imune como um escudo. Se sobrepusermos dois escudos que ocupam a mesma porção do espaço, eles se tornam redundantes. Em contraposição, dois que cobrem diferentes porções protegem juntos uma superfície maior. A mesma ideia é transferida — com certas variantes que aqui evitamos — ao repertório imune, pois, de dois indivíduos com repertórios imunes muito diferentes, resulta um descendente com maior eficiência imunitária.

Nos roedores, que se farejam muito mais do que nós, a preferência segue uma regra simples, regida pelo seguinte princípio: eles escolhem parceiros com odores que costumam ter um repertório imune diferente. Essa foi a base sobre a qual Wedekind fez seu experimento. Ele havia medido, em cada um dos participantes, o complexo maior de histocompatibilidade (MHC, na sigla em inglês), uma família de genes implicados na diferenciação entre o próprio e o alheio no sistema imunológico. E o resultado extraordinário é que, quando julgamos pelo olfato, nós o fazemos de acordo com a mesma premissa de nossos primos roedores; a uma mulher, revelam-se mais prazerosos os odores de homens que têm um MHC diferente. Assim, as festas do feromônio* promovem a diversidade. Pelo menos no que se refere ao repertório imune.

Mas essa regra tem uma exceção notável. A preferência olfativa de uma rata se inverte quando ela está grávida (ou quando não é fértil). Então, prefere odores de ratos com MHC similares ao seu. A versão narrativa e simplificada desse resultado é que, assim como a busca de complementaridade pode ser benéfica quando ela cruza, com a cria já no ventre convém manter-se perto do ninho conhecido, em família, com os iguais.

Será que ocorre a mesma mudança de preferência olfativa quando quem escolhe são mulheres? Podemos intuir isso porque, em meio à revolução hormonal que acontece durante a gravidez, a mudança na percepção do odor e do sabor é um dos efeitos

---

* Os feromônios são os mediadores de um sistema de comunicação química — como o olfato — próprio de uma espécie e que afeta funções automáticas do cérebro. Nos roedores, há um sistema especializado para os feromônios chamado órgão vomeronasal. Em seres humanos, a funcionalidade desse sistema é discutida e costuma referir-se aos feromônios como odores inconscientes. Mas essa definição é imprecisa e errônea, pois as mesmas moléculas do sistema olfativo em baixas doses podem induzir comportamentos sem percepção consciente. Talvez as festas do feromônio sejam simplesmente festas de odores. Mas isso, claro, é menos glamoroso.

mais distintivos. Wedekind estudou como a preferência olfativa se modificava quando uma mulher tomava uma pílula anticoncepcional baseada em esteroides, os quais estimulam um estado hormonal muito semelhante ao da gravidez. Assim, descobriu que, tal como nos roedores, o resultado se invertia, e os odores de camisetas suadas por homens com MHC semelhante eram considerados os mais agradáveis.

Esse experimento ilustra um conceito mais geral. Muitas das decisões emocionais e sociais são bem mais estereotipadas do que reconhecemos. Em geral, esse mecanismo está mascarado no mistério do inconsciente e, por isso, não percebemos o processo de deliberação. Mas ele está ali, no subterrâneo de uma maquinaria que talvez tenha se formado muito antes que nós estivéssemos aqui, dando tratos à bola, para refletir sobre essas questões.

Em resumo, as decisões que se seguem a coraçonadas e intuições, as quais, por serem inconscientes, costumam ser percebidas como mágicas, espontâneas e sem princípios, na realidade estão reguladas e às vezes são marcadamente estereotipadas. De acordo com as virtudes e limitações mecânicas da consciência, parece sensato delegar as decisões simples ao pensamento racional e deixar as complexas entregues ao olfato, ao suor e ao coração.

## CRER, SABER, CONFIAR

Ao tomar uma decisão, além de executar a opção escolhida, o cérebro gera uma crença. É o que percebemos como confiança ou convicção quanto ao que fazemos. Às vezes compramos algo no quiosque com a certeza de que era exatamente o que queríamos. Outras vezes, nos afastamos esperando que aquele chocolate adoce um pouco a frustração de não termos sabido escolher bem.

O chocolate é o mesmo, mas a percepção sobre o que decidimos, de tolice e amargura, é muito diferente.

Algum dia, todos nós confiamos cegamente em uma decisão que tomamos e que depois se revelou equivocada. Ou, ao contrário, em quantas situações agimos sem convicção, quando na realidade tínhamos todos os argumentos para nos encher de confiança? Como se constrói a confiança? Por que algumas pessoas sentem um excesso permanente de confiança, façam o que fizerem, e outras, ao contrário, vivem na dúvida?

O estudo científico da confiança — ou o da dúvida — é particularmente sedutor porque abre uma janela para a subjetividade: já não é o estudo de nossos atos observáveis, mas de nossas crenças privadas. Sob uma perspectiva meramente pragmática, tampouco é um assunto menor, pois estarmos seguros ou não de nossas ações define nosso modo de ser.

■ A maneira mais simples de estudar a confiança é pedir a alguém que desenhe um ponto em uma linha, na qual uma extremidade representa a convicção absoluta e a outra, a dúvida em relação à decisão tomada. Outra forma de detectar a confiança é lançar mão do lucro, pedindo que a pessoa resolva se quer receber um montante fixo pela decisão tomada ou se prefere apostar nela. Se tiver muita confiança na decisão que acaba de tomar, a pessoa estará inclinada a apostar (*cem voando*). Se, ao contrário, não tiver confiança em sua escolha, preferirá o montante fixo (*um pássaro na mão*). Os dois estratagemas para medir a confiança são muito consistentes: as pessoas que manifestam uma firme convicção na extremidade da linha também apostam alto. E, em contraposição, as que tendem a expressar uma confiança baixa em suas decisões são pouco inclinadas a apostar nelas.

Esse paralelismo entre confiança e apostas tem relevâncias óbvias na vida cotidiana. Apostar ou investir mal em questões monetárias, emocionais, profissionais, políticas ou familiares implica um grande custo. E isso provém, naturalmente, de um sistema distorcido de confiança. Mas esse paralelismo também tem consequências científicas. Esse tipo de experimento nos permite perguntar-nos sobre a subjetividade em áreas que antes pareciam inabordáveis. Quando medimos a predisposição a apostar, estamos descobrindo algo a respeito da confiança percebida por aqueles que não podem expressar suas crenças. Assim, com esses experimentos, hoje sabemos que ratos, golfinhos, macacos e bebês de menos de seis meses de idade já tomam decisões que vêm acompanhadas de uma crença na escolha que acabam de fazer.

## VÍCIOS E RASTROS DA CONFIANÇA

A forma pela qual cada pessoa constrói a confiança é quase como uma impressão digital. Alguns distribuem a confiança com matizes intermediários; outros, ao contrário, tendem a expressá-la em estados extremos de dúvida ou de convicção. Esses são também traços culturais, e a maneira de representar a certeza em alguns países asiáticos é diferente da maneira ocidental.

Quase todos vivenciamos um episódio escolar no qual a confiança foi atribuída de maneira bastante imprecisa, como o aluno que acredita ter se saído bem numa prova e depois constata que tirou zero. Ou, ao contrário, aquele que crê ter errado tudo e depois vê que teve uma nota muito boa. Em contraposição, alguém com um sistema preciso de confiança julga bem seu próprio conhecimento e sabe quando apostar e quando não. A confiança é, então, uma janela para o próprio conhecimento.

A precisão do sistema de confiança é um traço pessoal, quase como a estatura ou a cor dos olhos. Mas, à diferença desses traços físicos, há um certo espaço para modificar esse rastro do pensamento. E, como se poderia esperar de um traço característico da identidade — e que de certo modo a define —, ele tem uma assinatura na estrutura anatômica do cérebro. Os que possuem sistemas de confiança mais precisos têm maior quantidade de conexões — medidas em densidade de axônios — em uma região do córtex frontal lateral chamada área 10 de Brodmann ou BA10. Além disso, os que têm um sistema de confiança mais preciso também organizam a atividade cerebral de tal modo que essa região BA10 se conecte mais eficientemente com outras estruturas corticais do cérebro, como o giro angular e o córtex frontal lateral.

Essa diferença na atividade cerebral entre os que têm um sistema preciso de confiança e os que não o têm só se observa quando uma pessoa dirige a atenção para seu mundo interior — por exemplo, concentrando-se na respiração —, e não quando a atenção está focalizada no mundo exterior. Isso estabelece uma ponte entre duas variáveis que em princípio quase não estavam relacionadas: a qualidade da confiança e o conhecimento de nosso próprio corpo. Ambas coincidem em dirigir o olhar para o mundo interior. E, assim, sugere-se que uma maneira natural de melhorar o sistema de confiança é aprender a observar e focalizar nosso próprio corpo.

De fato, para a construção da confiança, o cérebro utiliza variáveis endógenas, como a transpiração, o embaraço no falar, o ato de baixar o olhar e outros gestos de hesitação. Esses sinais são pertinentes não só para que os outros possam identificar se somos confiáveis como também para que nós mesmos o saibamos. Isto é, costumamos construir a confiança não tanto nos fatos do mundo exterior, mas nos tremores de nosso próprio corpo.

## A NATUREZA DO OTIMISTA

A confiança não é uma condição exclusiva das decisões próprias. O equilíbrio entre a dúvida e a certeza também se aplica ao resultado de uma partida de futebol ou à evolução das condições climáticas, e em geral a tudo o que acontecerá em futuros incertos. Isso nos define como otimistas ou pessimistas. Copos meio cheios ou meio vazios.

O otimista fará uma cesta sempre que arremessar a bola, ganhará todas as finais que disputar, nunca perderá o emprego e poderá fazer sexo sem proteção ou dirigir de maneira imprudente porque, afinal de contas, os riscos não lhe competem. O estranho é que o otimismo sobreviva apesar da evidência em contrário que recebemos diariamente. O otimismo é nada mais nada menos do que essa obstinação.

Parte disso é obra do esquecimento seletivo que todos experimentamos. Cada segunda-feira, cada aniversário, cada 1º de janeiro se enchem de promessas repetidas; cada amor é o amor de nossas vidas, e este ano vamos, sim, vencer o campeonato. Cada uma dessas afirmações ignora completamente que já houve outras tantas segundas-feiras e outros tantos desenganos. Somos realmente tão cegos ante a evidência? Que mecanismos do cérebro encarnam esse otimismo fundamentalista? E o que fazemos com o otimismo persistente, se entendermos que ele se cimenta em uma ilusão?

Um dos modelos mais comuns de aprendizagem humana — transferido maciçamente à robótica e à inteligência artificial — é o erro de previsão. É simples e intuitivo. A primeira premissa, para cada ação que realizamos, desde a mais mundana à mais complexa, é que construímos um modelo interno, uma espécie de prelúdio simulado daquilo que vai suceder. Por exemplo, quando cumprimentamos alguém num elevador, presumimos que haverá uma resposta positiva dessa pessoa. Se a resposta for diferente daquela que esperávamos — por ser exageradamente calorosa ou friamente reticente —, experimentamos uma surpresa.

Esse erro de previsão expressa a diferença entre o que esperamos e o que observamos na realidade, e isso se codifica em um circuito neuronal nos gânglios basais que gera dopamina. A dopamina é um neurotransmissor que funciona, entre outras coisas, como mensageiro da surpresa, espalhando-se por diferentes estruturas cerebrais. O sinal dopaminérgico reconhece a dissonância entre o previsto e o encontrado, e é o combustível vital para a aprendizagem, pois os circuitos irrigados por dopamina se tornam maleáveis e predispostos à mudança. Na ausência de dopamina, em contraposição, os circuitos neuronais são em sua maioria rígidos e pouco maleáveis.

A renovação cíclica de nossas esperanças, a cada segunda-feira e a cada novo ano, nos exige hackear esse sistema de aprendizagem. Se o cérebro não gerasse um sinal de dissonância quando a realidade é pior do que esperamos, renovaríamos indefinidamente nossas esperanças. Será que isso acontece? E, se é assim, como? Será este o *dom* dos otimistas?

Todas essas perguntas são respondidas ao mesmo tempo em um experimento relativamente simples conduzido pela neurocientista inglesa Tali Sharot. Nesse experimento, ela pede às pessoas que estimem a probabilidade de que lhes ocorram diferentes eventos infelizes. Qual é a probabilidade de morrer antes dos sessenta anos? De desenvolver uma doença degenerativa? De sofrer um acidente automobilístico?

Em sua grande maioria, as pessoas pressupõem que as possibilidades de que lhes aconteça algo ruim são muito menores do que mostram as estatísticas. Ou seja, quando se trata de avaliar riscos que corremos — as viagens de avião e a violência urbana são claras exceções —, quase todos somos marcadamente otimistas.

O mais interessante, porém, é o que acontece quando as crenças se chocam com a realidade. Segundo o modelo de erro de previsão, deveríamos modificar nossas crenças de acordo com a diferença entre o que esperamos e o que observamos. E isso é exatamente o que acontece quando descobrimos que as coisas são melhores do que supúnhamos. Por exemplo, se alguém crê que a probabilidade de ter um câncer antes dos sessenta anos é de 15% e lhe dizem que a probabilidade real é muito menor, essa pessoa vai ajustar suas futuras estimativas a valores mais reais. Mas — aqui está a chave — o ajuste é muito menor, quase nulo, quando descobrimos que os fatos são piores do que pensávamos.

O que acontece no cérebro? A cada vez que descobrimos um conhecimento desejável ou benéfico, ativa-se um grupo de neurônios em uma pequena região do córtex pré-frontal esquerdo chamada giro frontal inferior. Em contraposição, quando recebemos evidência não desejável, ativa-se outro grupo de neurônios na região homóloga do hemisfério direito. Entre essas regiões cerebrais se estabelece uma espécie de balança entre as boas e as más notícias. Essa balança, porém, tem duas armadilhas: a primeira é que ela dá muito mais peso às boas notícias do que às más, o que, em média, cria uma tendência para o otimismo; e a segunda — a mais interessante — é que a inclinação da balança muda em cada indivíduo e revela a maquinaria do otimismo.

A ativação dos neurônios do giro frontal do hemisfério esquerdo é semelhante em todos nós, quando descobrimos que o mundo é melhor do que pensávamos. Em contraposição, a ativação do giro frontal do hemisfério direito varia em um nível amplo de indivíduo para indivíduo, nos casos em que ficamos sabendo que o mundo é pior do que acreditávamos. Nas pessoas mais otimistas, essa ativação é atenuada, como se literalmente elas fizessem ouvidos moucos às más notícias. Nas mais pessimistas, ocorre o oposto: a ativação está amplificada, acentua e multiplica o impacto dessa informação negativa. Aí está a receita biológica que separa os otimistas dos pessimistas: não é a capacidade que eles têm de valorizar o bom, mas suas possibilidades de ignorar e esquecer o ruim.

Muitas mães, por exemplo, têm uma lembrança vaga e imprecisa da dor que sentiram durante o parto. Esse esquecimento eloquente ilustra o mecanismo do otimismo. Se a dor fosse muito mais persistente na memória, talvez houvesse mais filhos únicos. Entre os recém-casados ocorre algo similar, pois nenhum acredita que vá se divorciar. Contudo, entre 30% e 50% o farão, segundo estatísticas que variam de acordo com o tempo e o lugar. Claro que o momento de trocar juras de amor eterno — seja lá o que se entenda por amor e por eternidade — não é o mais apropriado para fazer reflexões estatísticas sobre as relações humanas.

Os custos e benefícios do excesso e da falta de otimismo são bastante tangíveis. Há razões instintivas para alimentar um otimismo cândido, o qual se revela um motor para a ação, a aventura e a inovação. Sem otimismo não teríamos ido à Lua nem voltado de lá; e ele também está associado de maneira bastante genérica com uma saúde melhor e uma vida mais satisfatória. Poderíamos pensar então que o otimismo é uma espécie de pequena loucura que nos impele a fazer coisas que de outro modo não faríamos. Sua face oposta, o pessimismo, é o prelúdio da inação e, na versão crônica, da depressão.

Mas também há boas razões para temperar o excesso de otimismo, quando este promove decisões arriscadas e desnecessárias. As estatísticas se acumulam, contundentes, e associam o risco de acidentes com a embriaguez, o uso de celulares e a falta de uso do cinto de segurança. O otimista conhece esses riscos mas age como se não o afetassem. Sente-se excetuado da estatística, e isso, claro, é falso; se todos formos a exceção, a regra deixa de existir. Esse otimismo expandido — que não costuma ser reconhecido como tal — pode acarretar consequências fatais, mas também evitáveis.

## ULISSES E O CONSÓRCIO QUE NOS CONSTITUI

O excesso de otimismo também se expressa com vigor em um domínio muito menos solene, o despertar. O prelúdio do sono costuma ser povoado de promessas vespertinas: temos a intenção de acordar no dia seguinte muito mais cedo do que o habitual, por exemplo, para fazer exercícios. Essa intenção se constrói sobre um desejo genuíno e uma expectativa que tem um valor para nós: estarmos saudáveis e em forma. Mas, exceto para as calhandras, o panorama é muito diferente na manhã seguinte. Esse *eu* que na noite anterior tomou de cabeça fria a decisão de se levantar cedo se desvanece no dia seguinte. Às sete da manhã, somos outro *eu*, dominado pelo cansaço, pelo sono e pelo prazer estritamente hedonista de continuar dormindo.

O contorno da identidade é impreciso. Ou melhor, cada um de nós é um consórcio de identidades que se expressam de distintas formas em diferentes circunstâncias, às vezes contraditórias. Nesse caso, a dissociação entre agentes constitutivos tem duas projeções claras: uma intrépida e hedonista, que ignora os riscos e as possíveis consequências (a otimista), e outra que os pondera (a pessimista). Essa dinâmica se exacerba especialmente em duas situações de natureza distinta: em certas patologias psiquiátricas e neurológicas e na adolescência.

A predisposição a ignorar o risco cresce com a ativação do *nucleus accumbens* no sistema límbico, que corresponde à percepção de prazer hedonista. De fato, em um experimento que deixou atônitos vários de seus colegas do Massachusetts Institute of Technology (MIT), Dan Ariely registrou isso de maneira quantitativa e detalhada em uma dimensão precisa do prazer: a excitação sexual. Ele descobriu que, à medida que uma pessoa se excita, aumenta sua predisposição a fazer coisas que, de cabeça fria, ela consideraria aberrantes ou inaceitáveis. Entre essas coisas, claro, correr riscos como ter relações sexuais sem proteção com desconhecidos.

Na adolescência, em pleno excesso de otimismo, dá-se uma exposição franca a situações de risco. Isso acontece porque o desenvolvimento do cérebro, tal como o do corpo, não é homogêneo. Algumas estruturas cerebrais se desenvolvem a grande velocidade e consolidam seu processo de amadurecimento nos primeiros anos de vida, ao passo que outras ainda são imaturas quando entramos na adolescência. Uma das ideias mais arraigadas na neurociência é que a adolescência implica um momento de particular risco por causa da imaturidade do córtex pré-frontal, uma estrutura que avalia consequências possíveis e coordena e inibe impulsos. Contudo, o desenvolvimento tardio da estrutura de controle no córtex pré-frontal não pode explicar por si só o pico de predisposição ao risco que se registra durante a adolescência. De fato, as crianças, que têm um córtex pré-frontal ainda mais imaturo, se expõem menos. O que é característico da adolescência é a simultaneidade dessa imaturidade de desenvolvimento do córtex — e, por conseguinte, da capacidade de inibir ou controlar certos impulsos — com um desenvolvimento consolidado do *nucleus accumbens*.

O corpo desengonçado da adolescência, que cresceu mais do que sua capacidade para se controlar, reflete de algum modo a estrutura cerebral dos adolescentes. Compreender essa regra constitutiva, assim como a originalidade e a particularidade desse momento da vida, pode nos ajudar a sentir empatia e, portanto, a tornar mais efetivo o diálogo com os adolescentes.

Entender isso também é pertinente para tomar decisões públicas. Por exemplo, em muitos países se debate se os adolescentes devem votar. Mas esses debates requerem a conjunção de diferentes saberes, entre os quais deve encontrar-se uma visão informada sobre o desenvolvimento do raciocínio e o processo de tomada de decisão durante a adolescência.

Os trabalhos de Valerie Reyna e Frank Farley sobre risco e racionalidade na tomada de decisão por parte dos adolescentes demonstram que, mesmo quando não têm um bom controle de seus impulsos, em termos de pensamento racional os adolescentes são intelectualmente indistinguíveis dos adultos. Ou seja, são capazes de tomar decisões informadas sobre seu futuro, embora lhes custe, mais do que a um adulto, governar os impulsos em situações de alta carga emocional.

Porém, evidentemente, não é necessária tanta biologia para descobrir que alternamos entre razões e impulsos e que nosso animal impulsivo aparece no calor da cena para além da adolescência. Isso está expressado no mito de Ulisses e as sereias, no qual também aparece aquela que talvez seja a solução mais efetiva para lidar com esse consórcio que nos constitui. Ao empreender a viagem de volta a Ítaca, Ulisses pede aos seus marinheiros que o amarrem ao mastro do barco para não se deixar levar pela tentação do canto das sereias. Ulisses sabe que a tentação será irresistível.[*] Então, faz um pacto atando-se a esse *eu* que tem o privilégio de decidir partindo da racionalidade e fora do calor da ação.

---

[*] "Eu resisto a tudo, menos às tentações", dizia Oscar Wilde.

As analogias com nossa vida diária são necessariamente menos decorosas, ou talvez nossas sereias tenham perdido o colorido. Hoje, muitos reconhecem nos telefones celulares aquele canto que se revela praticamente impossível de ignorar. Tanto é assim que, mesmo sabendo do claro risco de responder a uma mensagem enquanto dirigimos, nós o fazemos, embora o conteúdo seja completamente irrelevante. Evitar a tentação de usar o celular enquanto dirigimos parece difícil. Em contraposição, deixá-lo em um lugar inacessível — por exemplo, no porta-malas — é um mastro ao qual, como Ulisses, podemos nos atar com antecedência.

## VÍCIOS DO SISTEMA DE CONFIANÇA

Nosso cérebro desenvolve mecanismos para ignorar — literalmente — certos aspectos negativos na balança do futuro. E essa receita para fabricar otimistas é só uma das muitas maneiras com as quais o cérebro produz uma confiança desmesurada. Ao estudar decisões humanas em problemas sociais e econômicos da vida cotidiana, o psicólogo e prêmio Nobel de Economia Daniel Kahneman identificou dois vícios arquetípicos do sistema de confiança.

O primeiro é que tendemos a confirmar aquilo em que já acreditamos. Isto é, somos genericamente cabeçudos e obstinados. Uma vez que cremos em algo, buscamos alimentar nosso prejulgamento com evidências que o reafirmem.

Um dos exemplos mais célebres desse princípio foi descoberto pelo grande psicólogo Edward Thorndike, ao pedir a alguns chefes militares que opinassem sobre diferentes soldados. As opiniões versavam sobre faculdades distintas que incluíam traços físicos, de liderança, inteligência e personalidade. Thorndike demonstrou que a avaliação de uma pessoa mescla aptidões que a priori não têm nenhuma relação entre si. Desse modo, os generais pensavam que os soldados fortes eram inteligentes e bons líderes.* Essas relações não eram genuínas, e apenas refletiam os vieses na construção de opiniões. Isso significa que, quando avaliamos um aspecto de uma pessoa, fazemos isso influenciados pela percepção de seus outros traços. A isso se dá o nome de *efeito halo*.

Esse vício do mecanismo de decisão é pertinente não só na vida diária como também na educação, na política e na justiça. Ninguém está imune ao efeito halo. Por exemplo, ante um conjunto idêntico de condições, os juízes são mais indulgentes com as pessoas mais atraentes. É o efeito halo, com suas deformações, em todo o seu esplendor; se é bonito, é bom. O mesmo efeito pesa, evidentemente, sobre o *livre* e *certeiro* mecanismo das eleições democráticas. Alexander Todorov mostrou que uma breve olhada para o rosto dos candidatos permite prever o vencedor com notável precisão, próxima de 70%, até mesmo sem ter dados sobre a história deles, sobre o que fizeram ou o que pensam, sobre suas plataformas eleitorais e suas promessas. Ou seja, um norueguês poderia acertar com bastante precisão o resultado das eleições municipais de Assunção do Paraguai apenas observando a cara dos candidatos.

O viés confirmativo — como princípio genérico do qual deriva o efeito halo — recorta a realidade para só observar aquilo que é coerente com o que já acreditávamos de antemão. "Se tem cara de competente, será um bom senador." Essa inferência, pela qual se ignoram fatos pertinentes para a avaliação e que se resolve com base em uma primeira impressão, é muito mais frequente

---

* Assim pensavam os generais, e assim pensamos nós, em geral.

do que supomos e admitimos no devir diário de nossas decisões e crenças.

Além do viés confirmativo, um segundo princípio que infla a confiança é a capacidade de ignorar completamente a variância dos dados. Pense no seguinte problema: uma bolsa tem 10 mil bolas; você tira a primeira e é vermelha, tira a segunda e também é vermelha. Tira a terceira e a quarta, e também são vermelhas. Que cor terá a quinta? Vermelha, claro. A confiança da conclusão excede folgadamente a estatística.* No entanto, falta examinar 9996 bolas.

Postular uma regra a partir de poucos casos é ao mesmo tempo a virtude e o estigma do pensamento humano. É virtude porque nos permite identificar regras e regularidades com exímia facilidade. Mas é estigma porque nos impele a conclusões definitivas, embora tenhamos observado apenas uma porção mínima da realidade. Kahneman propôs o seguinte experimento mental. Uma sondagem com duzentas pessoas indica que 60% votariam no candidato X. Muito pouco tempo depois de conhecermos essa sondagem, a única coisa que recordamos é que 60% votariam no candidato X. O efeito é tão forte que, ao ler isto, muitos acreditarão que eu escrevi duas vezes a mesma coisa. A diferença é o tamanho da amostragem. Na primeira frase, o caso era explícito: a opinião de somente duzentas pessoas. Na segunda frase, essa informação se esfumou. Este é o segundo filtro que distorce a confiança. De fato, em termos formais, uma sondagem segundo a qual, em 30 milhões de pessoas, 50,03% votariam em X seria muito mais decisiva, mas, em nosso sistema de crenças, nos esquecemos de avaliar se o dado provém de

---

* Woody Allen diz que "a confiança é o que a pessoa tem antes de entender um problema". Em certa medida, confiança é ignorância.

uma amostra maciça ou se simplesmente são três bolas em um saco de 10 mil.*

Em resumo, o efeito confirmativo e a cegueira ante a variância são dois mecanismos onipresentes que nos permitem opinar baseando-nos somente em uma pequena porção do mundo coerente e ignorando todo um mar de ruído. A consequência direta desse mecanismo é o excesso de confiança.

Esses vícios do sistema de confiança seriam próprios das decisões sociais complexas ou, ao contrário, se expressam em todas as dimensões do espectro de tomada de decisão? Ariel Zylberberg, Pablo Barttfeld e eu fomos resolver esse mistério. Para tanto, estudamos decisões extremamente simples: por exemplo, qual é o mais brilhante entre dois pontos de luz. Descobrimos que os princípios que inflam a confiança nas decisões sociais, como o efeito confirmativo ou a cegueira diante da variância, são traços que persistem inclusive nas decisões mais elementares.

Isso indica que gerar crenças que vão além do que assinalam os dados é um traço comum de nosso cérebro. E se confirma com uma série de estudos que registram a atividade neuronal em diferentes pontos do córtex cerebral. Observa-se consistentemente que o nosso cérebro — e o de muitas outras espécies — está o tempo todo mesclando a informação sensorial do mundo externo com hipóteses e conjecturas próprias. Até a visão, a função do cérebro que imaginamos ser mais ancorada à realidade, está repleta de ilusões. A visão não funciona de maneira passiva, como uma câmera que retrata a realidade, mas antes como um órgão que a interpreta e que constrói imagens nítidas a partir de informação

---

* Muitas vezes, na previsão de uma eleição, os pesquisadores também esquecem essa regra tão elementar da estatística e tiram conclusões firmes sobre uma quantidade obviamente pequena de dados.

limitada e imprecisa. Ainda na primeira estação de processamento do córtex visual, os neurônios respondem de acordo com uma conjunção entre a informação que recebem da retina e a de outras regiões do cérebro — que codificam a memória, a linguagem, o som — que estabelecem hipóteses e conjecturas sobre o que está se vendo.

A percepção tem sempre algo de imaginação. Parece-se mais com pintura do que com fotografia. E, de acordo com o efeito confirmativo, acreditamos cegamente na realidade que construímos. Assim o comprovam, melhor do que qualquer outro exemplo, as ilusões visuais, que são percebidas com infinita confiança, como se não houvesse dúvida de que estamos retratando fielmente a realidade.

## O OLHAR DOS OUTROS

Na vida cotidiana e no direito formal, julgamos as ações alheias não tanto por suas consequências quanto pelos condicionantes e pelas motivações. Embora a consequência seja a mesma, lesionar um rival num campo de jogo por uma ação involuntária e desafortunada é moralmente muito diferente de fazê-lo por um ato premeditado. Portanto, para poder decidir se outra pessoa agiu bem ou mal, não basta observar suas ações. É preciso colocar-se em seu lugar e ver a trama sob a perspectiva dela. Ou seja, é preciso exercitar o que se conhece como *teoria da mente*.

Consideremos duas situações fictícias. Pedro pega um pote de açúcar e serve uma colherada no chá de um amigo. Antes, alguém havia substituído o açúcar por um veneno da mesma cor e da mesma textura. Pedro, é claro, não sabia. O amigo toma o chá e morre. As consequências da ação de Pedro são trágicas. Mas foi errado o que ele fez? Ele é culpado? Quase todos pensaríamos que não. Para isso nos colocamos em sua perspectiva, identificamos o que ele conhece e desconhece, vemos que não teve nenhuma intenção de ferir, nem sequer cometeu uma forma de negligência. Pedro é um bom sujeito.

Mesmo recipiente, mesmo lugar. Quem pega o pote é Carlos, que substituiu o açúcar por veneno porque quer matar seu amigo. Serve o veneno no chá mas este não faz nenhum efeito,* e o amigo vai embora lépido e fagueiro. Nesse caso, as consequências da ação de Carlos são inócuas. Contudo, quase todos concordamos que Carlos agiu mal, que sua ação é condenável. Carlos é um mau sujeito.

A teoria da mente é resultado da articulação de uma complexa rede cerebral, com um nodo de particular importância na junção temporoparietal direita (um nome com poucas sutilezas: encontra-se no hemisfério direito, justamente entre o córtex temporal e o parietal). Mas a localização em si é o menos interessante. Não importa tanto a geografia cerebral, mas o fato de que a localização de uma função no cérebro pode ser uma janela para observar as relações causais desse mecanismo.**

Se nossa junção temporoparietal direita fosse temporariamente desativada, já não consideraríamos as intenções de Pedro e de Carlos para julgar suas ações. Se essa região cerebral não funcionasse apropriadamente, concluiríamos que Pedro agiu mal (porque matou o amigo) e que Carlos agiu bem (porque seu amigo

---

* Estaria vencido? Em *Relatos selvagens*, Damián Szifron reflete sobre a acumulação de males perguntando-se se um veneno vencido é menos ou mais venenoso.
** Por meio de bobinas que geram campos magnéticos, pode-se silenciar ou estimular uma região do córtex cerebral em um momento preciso do tempo. Dessa forma, por exemplo, ao estimular a área de Broca, que coordena a articulação da linguagem, pode-se induzir uma verborragia incontrolável.

se encontra em perfeito estado de saúde). Não nos importaria que Pedro ignorasse o que o pote continha e que Carlos simplesmente tivesse falhado na implementação de um plano macabro. Essas considerações requerem uma função precisa, a teoria da mente, e sem ela perdemos a capacidade mental de separar as consequências de uma ação de sua rede de intenções, conhecimentos e motivações.

Esse exemplo é uma prova de conceito que vai além da teoria da mente, da moral e do juízo. Indica que nossa maquinaria de tomada de decisão é composta por um conjunto de peças que estabelecem funções particulares. E, quando a sustentação biológica dessas funções se desmonta, nossa maneira de crer, opinar e julgar muda radicalmente.

## A BATALHA QUE NOS CONSTITUI

Os dilemas morais servem como exageros para refletirmos sobre como cimentamos a moral. O mais famoso deles, "O bonde de San Francisco", diz assim:

> ■ Você está em um bonde que avança sem freio por uma via onde há cinco pessoas. Você conhece cada uma das curvas e sabe com absoluta certeza que não há maneira de detê-lo e que as cinco pessoas serão atropeladas. Só existe uma alternativa. Você pode girar o volante e tomar outra via onde há uma só pessoa, que morrerá.

Você giraria o volante? No Brasil, na Tailândia, na Noruega, no Canadá ou na Argentina, adultos e crianças, progressistas e reacionários, quase todos escolhem girá-lo. Trata-se de um cálculo razoável e utilitário. A conta parece simples: cinco mortos ou um? Contudo, há uma minoria que consistentemente escolhe não girar o volante.

O dilema consiste em fazer algo que provocará a morte de uma pessoa ou não fazer nada para evitar que morram as outras cinco. Alguns poderiam argumentar que o destino já tinha marcado um rumo e que não somos ninguém para jogar o jogo de Deus e decidir quem morre e quem não, nem mesmo com a matemática a favor. É uma política de não intervenção pela qual não temos direito a agir e intervir para que morra uma pessoa que andava tranquila por uma rua onde não acontecia nada. Julgamos de maneira diferente a responsabilidade pela ação ou pela inação. É uma intuição moral universal que se expressa em quase todos os sistemas de direito.

Agora, outra versão do dilema:

- Você está numa ponte de onde vê um bonde que avança sem freio por uma via onde há cinco pessoas. Você conhece cada uma das curvas e sabe com certeza absoluta que não há maneira de deter o veículo e que ele vai atropelar as cinco pessoas. Só existe uma alternativa. Na ponte há uma pessoa muito corpulenta. Está sentada no parapeito contemplando a cena. Você sabe inquestionavelmente que, se a empurrar, ela vai morrer, mas também vai fazer com que o bonde descarrile e as cinco pessoas se salvem.

Você a empurraria? Nesse caso, quase todo mundo resolve que não. E a diferença é perceptível de maneira clara e visceral, como se fosse o corpo que fala e decide. Ninguém tem o direito de empurrar deliberadamente uma pessoa para salvar outra da morte. De fato, nosso sistema penal e social — o formal e a sentença de nossos pares — não consideraria iguais os dois casos.

Mas vamos abstrair esse fator. Imaginemos também que estamos sozinhos, que o único julgamento possível é o de nossa própria consciência. Quem empurra a pessoa da ponte e quem gira o volante? Os resultados são conclusivos e universais: mesmo em plena solidão, sem olhares externos, quase todos giraríamos o volante e quase ninguém empurraria o grandalhão.

Em algum sentido, ambos os dilemas são equivalentes. A reflexão não é fácil, porque exige ir contra as intuições do corpo. Mas, partindo do ponto de vista puramente utilitário, das motivações e consequências dos nossos atos, os dilemas são idênticos. Escolhemos agir para salvar cinco às custas de um. Ou escolhemos que a história siga seu curso porque nos sentimos sem direito moral de intervir para condenar alguém a quem não cabia morrer.

Sob outra perspectiva, porém, os dois dilemas são muito diferentes. Para exagerar o contraste, imaginemos um terceiro dilema, ainda mais disparatado:

- Você é o único médico em uma ilha quase deserta. Há cinco pacientes, cada um com uma doença em um órgão diferente, a qual se resolveria com um só transplante, após o qual você sabe, sem sombra de dúvida, que eles ficarão em perfeitas condições. Sem o transplante, morrerão. Apresenta-se no hospital outro habitante da ilha que tem somente gripe. Você sabe que pode anestesiá-lo e tirar-lhe os órgãos para salvar os outros cinco. Ninguém vai saber, e tudo ficará a critério de sua própria consciência.

Nesse caso, a imensa maioria não tiraria os órgãos de um para salvar outros cinco, e inclusive considera aberrante a mera possibilidade de fazê-lo. Somente alguns poucos pragmáticos extremos — seguramente, Winston Churchill seria um deles —

escolhem retalhar o pobre homem gripado. De novo, esse terceiro caso compartilha as motivações e as consequências dos dilemas anteriores. O médico pragmático age de acordo com um princípio razoável, o de salvar cinco pacientes quando a única opção no universo é que morra um ou morram cinco.

O que muda nos três dilemas e os torna progressivamente mais inadmissíveis é a atitude que o sujeito tem que tomar. A primeira é girar um volante; a segunda, empurrar alguém; e a terceira, cortá-lo em pedaços. Girar o volante não é uma ação direta sobre o corpo da vítima. Além disso, parece inócua e implica uma ação frequente e desligada da violência. Em contraposição, a relação causal entre o empurrão no homem corpulento e sua morte fica clara aos olhos e ao estômago. No caso do volante, essa relação só era clara para a consciência. O terceiro exagera ainda mais esse princípio. *Abater* uma pessoa parece, sob todos os aspectos, inadmissível.

A primeira consideração (cinco ou um), então, é utilitária e racional, e ditada por uma premissa moral: maximizar o bem comum ou minimizar o mal comum. Esta é idêntica em todos os dilemas. A segunda é visceral e emocional, e ditada por uma consideração absoluta: há certas coisas que não se fazem. São moralmente inaceitáveis. Isso distingue os três dilemas, que trazem à tona em nosso cérebro uma série de decisões à la Turing entre argumentos emocionais e racionais. Essa batalha que ocorre indefectivelmente no âmago de cada um de nós se replica na história da cultura, da filosofia, do direito e da moral.

Uma das posições morais canônicas é a deontológica — termo derivado do grego *deon*, relativo ao que é devido e obrigatório —, segundo a qual a moral das ações se define por sua natureza e não por suas consequências. Isto é, algumas ações são intrinsecamente más, sem que sejam considerados os resultados que produzem.

Outra posição moral é o utilitarismo; deve-se agir de tal modo que seja maximizado o bem-estar coletivo. Quem gira o volante, quem empurra o grandalhão ou quem destripa um ilhéu atuaria de acordo com um princípio utilitário. Quem não executa nenhuma dessas ações, em contraposição, atuaria segundo um princípio deontológico.

Muito poucos respondem a uma dessas posições até suas últimas consequências. Cada pessoa tem um ponto de equilíbrio diferente entre esses princípios. Se a ação necessária para salvar a maioria for muito horripilante, a deontologia vem primeiro. Se o bem comum for mais exagerado — por exemplo, se houver 1 milhão de pessoas que se salvam, em vez de uma —, a utilidade tem a primazia. Se virmos o rosto, a expressão, ou soubermos o nome daquele que se sacrifica pela maioria — ainda mais se for uma criança, uma pessoa bonita ou um familiar —, a deontologia prevalece de novo.

A corrida entre o utilitário e o emocional ocorre em dois nodos diferentes do cérebro. Os argumentos emocionais se codificam na parte medial do córtex frontal, e a evidência a favor das considerações utilitárias, em contraposição, na parte lateral do córtex frontal.

Da mesma maneira como se pode alterar a parte do cérebro que nos permite entender a perspectiva do outro e hackear nossa capacidade para fazer teoria da mente, podemos também intervir nesses dois sistemas cerebrais para inibir nossa parte mais emocional e potencializar a parte utilitária. Os grandes dirigentes, como nosso amigo Churchill, costumam desenvolver recursos e estratégias para silenciar sua parte emocional e pensar em abstrato. Acontece que a empatia emocional também leva a cometer todo tipo de injustiças. Por exemplo, um juiz empático tende a ser mais benévolo com as pessoas que ele considera mais atraentes ou nas quais vê traços familiares. Sob uma perspectiva utilitária e igualitária da justiça, da educação e da gestão política, seria necessário desligar-se — como fez Churchill — de certas considerações emocionais. A empatia, uma virtude fundamental para o cuidado do próximo, entorpece quando se trata de agir pelo bem comum sem distinções nem privilégios.

Na vida cotidiana, há formas muito simples de dar peso a um sistema ou outro. Um dos exemplos mais espetaculares foi mostrado pelo meu amigo catalão Albert Costa. Sua tese é de que, ao fazer o esforço cognitivo de falar um segundo idioma, nós nos colocamos em um modo de funcionamento cerebral em que afloram os mecanismos de controle. Assim, também aflora a parte medial do córtex frontal que governa o sistema utilitário e racional do cérebro. De acordo com essa premissa, todos poderíamos mudar nossa postura ética e moral segundo o idioma que estivermos falando. E, de fato, é o que acontece.

Albert Costa mostrou que nós, os hispanófonos, ao falarmos em inglês somos mais utilitários do que em nossa língua materna. Digamos que, se nos apresentassem o dilema do grandalhão e da ponte em uma língua estrangeira, muitos de nós estaríamos mais dispostos a empurrá-lo. O mesmo acontece para os ingleses, que se tornam mais utilitários quando avaliam semelhantes dilemas em espanhol.

Albert propôs uma conclusão divertida de seu estudo, mas que com toda a certeza tem algo de certo. A batalha entre o utilitário e o emocional não é exclusiva dos dilemas abstratos. Na realidade, esses dois sistemas se expressam de forma incontestável em quase todas as nossas deliberações. E, muitas vezes, fazem isso no calor de nosso lar, com mais ímpeto do que nunca. Em geral somos mais agressivos, às vezes violentos e impiedosos, com as pessoas a quem mais queremos bem. Esse é um estranho paradoxo do amor. Na confiança de uma relação livre de cosmética e preconceito, na expectativa desmesurada, no ciúme, na fadiga e na dor, às vezes se cultiva uma fúria irracional. A mesma briga de casal que, em primeira pessoa, parece insuportável, vista em terceira pessoa parece insignificante e muitas vezes ridícula.* Por que brigam por essa bobagem? Por que simplesmente um não relaxa, ou os dois, e entram em acordo? A resposta é que a consideração não é utilitária, mas caprichosamente deontológica. O umbral da deontologia dispara e não estamos dispostos a fazer o mínimo esforço para resolver algo que aliviaria toda a tensão. Claramente, nos conviria ser mais racionais. A pergunta é como. E Albert, um pouco de brincadeira e um pouco a sério, sugere que, na próxima vez em que brigarmos com nosso parceiro ou parceira, briguemos em inglês.

Winston Churchill, sabemos disso, era um exímio utilitário. Só assim pôde comemorar que os alemães bombardeassem Londres em vez de os aeroportos do sudeste da Inglaterra, porque, às custas de mortes civis, salvava peças-chave da estratégia inglesa para o futuro da guerra. Arthur Neville Chamberlain, seu predecessor, foi um deontológico. Para evitar situações violentas, agiu frouxamente e sem determinação. O exemplo mais famoso foi a assinatura do tratado de Munique, em 1938, que concedeu parte da Tchecoslováquia à Alemanha. Chamberlain comemorou, diante de uma multidão, que o tratado evitaria uma ação violenta. "É a segunda vez em nossa história que retornamos da Alemanha com uma paz honrosa. Creio que é uma paz para nosso tempo."

---

* A professora de literatura Karina Galperín conta que, na orquestra do Teatro Colón, existe uma rivalidade entre os instrumentistas de cordas e os de sopro. E acrescenta que, vistas de longe, todas as rivalidades devem parecer igualmente ridículas.

A paz, evidentemente, foi curta, e o sucessor dele, Churchill, se referiu a esse ato deontológico como "a tragédia de Munique".

O equilíbrio é complicado. Em muitos casos, agir equanimemente requer desligar-nos de propensões deontológicas. Consideremos um exemplo exagerado, mas pertinente. Quantas gripes valem uma morte? A pergunta, em si, parece macabra. Uma morte tem um valor infinito, não há suficientes gripes que possam compensá-la. Agora façamos o exercício de nos sentarmos na poltrona de um ministro da Saúde que controla o orçamento do Estado. O ministro (você) sabe que há gente que morre e que poderia ser salva com parte dos recursos disponíveis. Destinará então parte da verba para comprar analgésicos? Essa pergunta já não é retórica; trata-se de uma decisão de enorme pertinência, que de maneira implícita — porque é doloroso dizê-lo em palavras — pondera o custo de uma morte em relação ao bem-estar de um conjunto muito maior. Se tomarmos a perspectiva do valor infinito da morte, o Estado deveria ocupar-se somente disso e postergar todas as outras considerações do bem-estar.

Aqui, é claro, não estou fornecendo nenhum juízo nem recomendação nem resposta a essas considerações. Optar entre Churchill e Chamberlain é mera questão de gostos, opiniões ou posições. Estabelecer normas e princípios para a moral é um assunto enorme que faz parte do âmago do pacto social e, sem dúvida, excede folgadamente qualquer análise sobre como o cérebro constrói esses juízos. Saber e conhecer que certas considerações nos tornam mais utilitários pode ser proveitoso para quem quer sê-lo e não pode, mas não tem nenhum valor para justificar uma posição moral acima de outra. Esses dilemas só servem para nos conhecermos melhor. São espelhos que refletem nossas razões e nossos demônios, eventualmente, para dispor deles à vontade e evitar que governem silenciosamente nossos atos.

## A QUÍMICA E A CULTURA DA CONFIANÇA

■ Ana está sentada em um banco de praça. Vai jogar com outra pessoa escolhida ao acaso entre as muitas que circulam por ali. Não se conhecem, não se veem nem trocam uma só palavra. É um jogo entre desconhecidos.
A organizadora explica as regras do jogo. Dão a Ana quinhentos pesos. É um presente. Está claro que não há nenhuma tramoia. Ana só tem uma opção: pode resolver como repartir o dinheiro com a outra pessoa, a qual não saberá de sua decisão. O que ela fará?

As escolhas variam em grande escala, desde os mais altruístas, que dividem equitativamente o montante, até os mais egoístas, que ficam com tudo. Esse jogo aparentemente tão mundano, conhecido como "O jogo do ditador", tornou-se um emblema da fronteira entre a economia e a psicologia. O ponto é que a maioria não escolhe maximizar o dinheiro. A percepção própria, de ser *má pessoa*, tem um custo. De fato, a maioria reparte com certa generosidade, mesmo quando o jogo acontece em um quarto escuro onde não há nenhum registro da decisão tomada pelo *ditador*. O que ele vai oferecer dependerá de muitas variáveis, que incluem vieses irracionais e injustos, dominados pelo efeito halo.

■ Eva participa de outro jogo. Este começa também com um presente de quinhentos pesos que ela pode repartir como quiser com uma desconhecida chamada Laura. Nesse jogo, os organizadores triplicarão o que Eva der a Laura. Por exemplo, se ela decidir dar duzentos pesos, ficará com trezentos e Laura receberá seiscentos. Se decidir dar tudo, Eva ficará sem nada e Laura com 1500. Por sua vez, Laura, quando recebe seu montante, deve decidir como quer reparti-lo com Eva. Se as duas jogadoras pudessem entrar em acordo, a melhor estratégia seria que Eva passasse todo o dinheiro a Laura, e depois esta o dividiria equitativamente. Assim, cada uma ganharia 750 pesos. O problema é que as duas não se conhecem e que, além disso, não têm oportunidade de fazer essa negociação. É um voto de fé. Se Eva decidir confiar que Laura vai retribuir sua ação gentil, convém que dê tudo a ela. Se acreditar que Laura vai ser mesquinha, então lhe convém não dar nada. Se — como quase todos nós — acreditar em um pouco de cada coisa, talvez lhe convenha agir salomonicamente, guardar um pouco — uma reserva segura — e investir o resto em uma espécie de risco social.

Esse jogo, chamado "O jogo da confiança", evoca de maneira direta algo que já percorremos no domínio do otimismo: os benefícios e os riscos da confiança. Digamos que todos ganharíamos mais se confiássemos e cooperássemos uns com os outros. Encarando o assunto em sentido inverso, a desconfiança tem um custo, e não só em decisões econômicas, mas também em situações da vida social — seguramente, o casal é a mais emblemática.

A vantagem de levar esse conceito à sua versão mínima em um jogo-experimento é que isso permite indagar exaustivamente o que nos faz confiar no outro. Alguns elementos nós já adivinhamos. Por exemplo, muitos jogadores do experimento costumam encontrar um equilíbrio razoável entre confiar e não se expor por completo. De fato, o primeiro jogador costuma oferecer um montante próximo da metade. Além disso, a confiança no outro depende de se ele está jogando com alguém de sotaque parecido, de traços faciais e raciais similares etc. É a moral infame da forma. E o que um jogador oferece também depende de quanto dinheiro está em jogo. Alguém que possa estar disposto a oferecer a metade quando joga por cem pesos talvez não o faça quando joga por 100 mil. A confiança tem um preço.

- Em outra variante desses jogos, conhecida como "O jogo do ultimato", o primeiro jogador, como sempre, deve decidir como repartir o que recebe. O segundo pode aceitar ou rejeitar essa proposta. Se a recusar, ninguém recebe nada. Isso faz com que aquele que oferece deva encontrar um ponto de equilíbrio justo, que costuma estar um pouco acima de nada e um pouco abaixo da metade. Do contrário, os dois perdem.

Levando esse jogo a quinze sociedades pequenas em lugares remotos do planeta, e em busca daquilo que denominou *homo economicus*, o antropólogo Joseph Henrich descobriu que as forças culturais estabelecem normas bastante precisas nesse tipo de decisão. Por exemplo, nas aldeias de Au e Gnau de Papua, Nova Guiné, muitos participantes oferecem mais da metade do que recebem, uma generosidade raramente observada em outras culturas. E, além disso, para o cúmulo da esquisitice, o receptor costuma recusar a oferta. Isso parece inexplicável até que se entende a idiossincrasia cultural das povoações da Melanésia. De acordo com normas implícitas, aceitar dádivas, inclusive as que não foram solicitadas, implica uma obrigação estrita de retribuir em algum momento futuro. Digamos que receber o presente é uma espécie de hipoteca.\*

---

\* Isso também acontece em nossa sociedade. É o caso de quem prefere pagar algo para evitar o compromisso e a dívida que o presente pode significar. O exemplo mais exagerado é o que o filósofo italiano Roberto Esposito evoca. A vida é uma dádiva que nos compromete para sempre.

Dois grandes estudos, um feito na Suécia e outro nos Estados Unidos, em gêmeos univitelinos — idênticos — ou bivitelinos — com genomas tão diferentes quanto os de quaisquer dois irmãos —, mostram que as diferenças individuais da generosidade no jogo da confiança também têm uma predisposição genética. Digamos que se um gêmeo tende a repartir muito generosamente, na maioria dos casos um gêmeo idêntico também o fará. E, ao contrário, se um decide ficar com todo o butim, há uma probabilidade alta de que seu gêmeo idêntico também o faça. Essa relação acontece em muito menor medida com gêmeos bivitelinos, o que permite descartar que essa similitude resulte meramente de terem crescido juntos, lado a lado, no mesmo lar. Isso, é claro, não contradiz o que já vimos e intuímos: que as diferenças sociais e culturais influenciam o comportamento cooperativo. Só que elas não são as únicas forças que o governam.

Encontrar uma marca genética na predisposição a confiar e a cooperar dispara uma pergunta um tanto incômoda. Que estados químicos, hormonais e neuronais fazem uma pessoa se tornar mais predisposta a confiar nos outros? Tal como se dá com as preferências olfativas, um ponto de partida natural para a química da cooperação é estudar o que acontece com outros animais. E aí aparece um candidato natural, a oxitocina, um hormônio que modula a atividade cerebral e exerce um papel-chave na predisposição a formar laços sociais. Quando um jogador aspira oxitocina, participa do jogo da confiança de forma muito mais generosa do que outro que aspira um placebo.

A oxitocina aflora durante a gestação. De fato, ela exerce um papel primário no processo de ativação do útero durante o parto, o que explica sua etimologia: do grego *oxys*, que significa "rápido", e *tokos*, "nascimento". Também é liberada pela sucção do mamilo, o que facilita a lactação. Mas a oxitocina não se limita a predispor o corpo para a maternidade: também prepara o caráter da mãe para tão grande façanha. As ovelhas virgens, ao receberem oxitocina, se comportam maternalmente com as crias alheias como se fossem suas próprias crias. Tornam-se supermães. E vice-versa: as ovelhas mães, ao receberem substâncias antagonistas que bloqueiam a ação da oxitocina, perdem os comportamentos típicos da maternidade e se distanciam de suas crias. Assim, a oxitocina se impôs como a molécula do amor materno e, mais genericamente, do amor em geral.

Contudo, convém encarar esses resultados com certa reserva. Anos atrás, a ideia de aumentar a empatia e o apego empregando a *droga do amor* foi uma espécie de grande fiasco. As razões desse fracasso são intuitivas. Todas as moléculas geram adaptação em muitas escalas distintas. Ou seja, há um esquema biológico e químico que cimenta e predispõe uma pessoa a cooperar, mas é absurdo pretender que a trama social de confiança se construa com base em uma pílula.

## A SEMENTE DA CORRUPÇÃO

A confiança no próximo é a trama das sociedades humanas. Em todas as escalas, em todas as camadas, a confiança amalgama as instituições. É fundamental na amizade e no amor, e constitui a base do comércio e da política. Quando não há confiança, desabam as pontes que conectam as pessoas, e as sociedades se despedaçam. Tudo se quebra. E romper tudo, em latim, se traduz em *cum* (tudo) e *rumpere* (romper), de onde deriva nosso *corromper* atual. A corrupção não deixa nada intacto.* Destrói a trama da sociedade.

---

* "Com", como prefixo, significa "junto a (outro)". Assim, corromper também é romper entre vários. Ninguém pode ser corrupto sozinho.

A corrupção tem um mapa, que não é fácil de adivinhar.* Os países nórdicos, o Canadá e a Austrália estão pintados de um amarelo-pálido que indica muito pouca percepção de corrupção. O resto da Europa, os Estados Unidos e o Japão figuram com valores alaranjados intermediários. Na América Latina, o pódio vermelho dos corruptos é ocupado por Paraguai e Venezuela. Em seguida vem uma boa tropa que inclui a Argentina. Os menos corruptos da zona são, de longe, Chile e Uruguai.

Muitos economistas acreditam que a corrupção endógena, estrutural e filtrada por todos os poros da sociedade é um empecilho fundamental para o desenvolvimento. Portanto, entender por que há valores de corrupção muito distintos é de uma pertinência extraordinária, sobretudo se a compreensão desse mecanismo oferecer pistas que eventualmente possam mudar o curso das coisas.

Rafael Di Tella, economista, esgrimista olímpico argentino e professor em Harvard, desenvolveu junto com Ricardo Pérez--Truglia, seu aluno de doutorado, um projeto modesto, dentro desse grande objetivo, que propõe detectar uma das sementes constitutivas da corrupção. A premissa de Rafael começa com uma citação de Molière: "Quem quer matar seu cachorro acusa--o de estar doente de raiva". A hipótese de Molière é estranha. Deveríamos construir nossas opiniões acerca do outro com base no que ele fez ou não; mas, na verdade, fazemos isso pela forma de seu rosto, pela prosódia de seu discurso, por sua maneira de caminhar. O que Molière propõe é ainda pior, pois segundo ele construímos opiniões acerca do outro com base no que nós mes-

---

* Neste caso refiro-me ao mapa desenvolvido pela Transparência Internacional. Na realidade, ele não mede diretamente a corrupção, mas sua percepção em cada sociedade.

mos lhe fizemos. Se sua hipótese for correta, quando machucamos alguém também o condenamos e lhe atribuímos razões que buscam explicar nossa agressão injustificada.

Rafael levou a ideia de Molière ao laboratório com um experimento engenhoso chamado "O jogo de corrupção".

- Como todos os jogos desse tipo, começa com um jogador — chamado repartidor — que decide como distribuir um butim de vinte fichas. O butim é o pagamento por um trabalho entediante e laborioso que os dois jogadores fizeram, cada um por seu lado e sem se conhecerem. O fato de o pagamento ser produto de um trabalho, e não um presente, leva o repartidor a ficar mais inclinado a dividi-lo equitativamente. Os aspectos fundamentais do jogo de corrupção são os seguintes:
1) Alguns repartidores podem escolher em completa liberdade com quantas fichas vão ficar. Outros têm uma pequena margem de ação, só podem escolher ficar com dez, onze ou doze fichas. Por norma do jogo, são obrigados a repassar ao menos oito ao outro jogador. Assim se controla o quanto um jogador pode *maltratar* o outro para depois ver o que este pensa dele.
2) O receptor recebe as fichas em envelopes fechados, sem saber como foram divididas. Depois vai trocar as suas e as do repartidor por dinheiro. Ao fazê-lo, tem que tomar uma decisão. Pode trocá-las com justiça — cada ficha por dez pesos — ou pode se corromper segundo um arranjo oferecido a ele pelo caixa, que lhe pagará cinco pesos por ficha mas lhe dará em troca uma propina. Com o arranjo, o caixa e o receptor saem ganhando, e o repartidor é prejudicado.

Nesse jogo, o repartidor pode agir de forma generosa ou avarenta, e o receptor pode atuar de forma honesta ou corrupta. A pergunta (de Molière) é se os repartidores avarentos justificam sua ação argumentando que seus receptores vão ser corruptos. A chave fundamental é que as fichas estão em um envelope fechado, e, portanto, quando o receptor decide trocá-las, ainda não sabe como foram repartidas. Nesse jogo, aquele que se corrompe o faz somente por suas próprias predisposições, e não por vingança ou revanche.

Apesar disso, Molière governa o jogo. Aqueles repartidores aos quais se ofereceu mais liberdade para jogar agressivamente tendem a pensar que os receptores são mais corruptos. E isso vale tanto para seus companheiros de jogo — que eles não conhecem — como para a opinião geral da população. Quando podemos ser mais hostis e agressivos, tendemos a pensar que os outros são corruptos. Então, todos os cães são raivosos.

Falta agora entender como se perpetua a trama; como as opiniões que emanam de nossas próprias ações condicionam, por sua vez, o que fazemos, e como essa rede às vezes se vicia. Para decifrar isso, eu e Andrés Babino, um aluno de doutorado em meu laboratório, nos somamos à equipe montada por Rafael Di Tella.

A chave era observar como o repartidor atuava de acordo com as crenças que tivesse sobre o outro. Para isso, fizemos um novo experimento no qual um receptor tinha que atuar de acordo com uma destas três instruções:

1) É obrigado a trocar cada ficha pelo que ela vale.
2) Pode escolher corromper-se ou não.
3) É obrigado a trocar as fichas pela metade do valor e a ficar com a comissão. Ou seja, é obrigado a se corromper.

Esperava-se que o repartidor — que sabia com qual regra o outro jogava — fosse mais generoso quando sabia que seu companheiro não se corromperia, um pouco menos quando duvidava se o outro ia se corromper ou não, e menos ainda quando notava que seu companheiro era obrigado a se corromper.

No entanto, isso não acontece. Pelo contrário, o repartidor distribui com igual generosidade quando sabe que o receptor não tem escolha. Não importa se a maneira como este faz o câmbio é menos ou mais favorável a ele. E, em contraposição, reparte muito menos generosamente quando está incerto em relação ao que o receptor vai fazer. No jogo de crenças e confianças, o que mata é a ambiguidade.

O mesmo argumento pode ser pensado ao contrário. Somos hostis com aqueles que, segundo acreditamos, podem nos trair. É o medo de passar por idiota, de confiar em quem não nos retribui da mesma maneira. Assim, juntando as duas peças do quebra-cabeça, as ações egoístas próprias se transformam em crenças nocivas sobre os outros ("são todos corruptos"), e a ambiguidade nas crenças dos outros ("podem ser corruptos") faz com que sejamos egoístas e agressivos. É um círculo vicioso que só é remediado quando se semeia firmemente certeza ou confiança. E isso, ao menos no ninho do laboratório, é possível. Para tanto, devemos adentrar os recônditos das palavras e os núcleos mais profundos do cérebro.

A PERSISTÊNCIA DA CONFIANÇA SOCIAL

Quando um jogador toma uma decisão segura, cooperativa e altruísta no jogo da confiança, ativam-se regiões de seu cérebro que codificam os circuitos dopaminérgicos do prazer e da recompensa. Isto é, o cérebro reage de maneira similar quando está exposto a algo prazeroso — sexo, chocolate, dinheiro etc. — ou quando produz uma ação solidária. Isso reflete as intuições sobre o capital social. Resulta que essa conjectura tem base, pois o capital social não somente é belo e digno, mas também rentável.

Ao participarem repetidamente do jogo da confiança, os jogadores aprendem e convergem para um padrão: se um distribui com generosidade, o outro se torna progressivamente mais generoso. E, ao contrário, se um não é generoso, o outro distribui de maneira cada vez mais egoísta. Em geral, o jogo chega a duas soluções; aquela perfeitamente cooperativa, na qual todos os jogadores ganham mais, e a egoísta, em que o primeiro jogador ganha menos e o segundo, nada. O cérebro descobre as inclinações do outro ao utilizar o mesmo mecanismo de aprendizagem que a neurociência do otimismo explica. Uma pessoa, antes de jogar, já tem uma expectativa sobre seu companheiro, se este vai cooperar ou não. Quando encontra uma discrepância, o núcleo caudado do cérebro se ativa e libera dopamina.

Isso produz um sinal de *erro de previsão* que, por sua vez, nos faz aprender a calcular mais precisamente se o outro vai cooperar, ou não, no futuro. À medida que esse cálculo se torna mais exato, aprendemos a conhecer nossos vizinhos, há menos discrepância entre o esperado e o encontrado, e o sinal dopaminérgico diminui. Assim, os repartidores mais generosos levam adiante um processo de aprendizagem no qual se vai corrigindo um modelo cético à força de forjar confiança. É o circuito neuronal da reputação social.

O mais interessante é entender como essa lenta cozinha da confiança ganha consistência na obstinação em confiar nos demais. Isso talvez possa explicar as diferenças idiossincráticas entre argentinos, chilenos, venezuelanos e uruguaios em sua predisposição a confiar no outro e, eventualmente a se corromper.

- O experimento-chave foi feito pela neurobióloga Elizabeth Phelps em Nova York. Uma pessoa participa de repetidos jogos de confiança com diferentes parceiros. Cada um de seus companheiros de jogo era descrito previamente por uma breve biografia inventada que o qualificava como moralmente nobre ou ignóbil.

Ela descobriu algo extraordinário no cérebro daquele que joga com um companheiro descrito como moralmente nobre, mas que, ainda assim, se comporta de maneira egoísta. Como o cérebro aprende a partir de discrepâncias, o esperado é que se produza um erro de previsão no núcleo caudado, liberando dopamina, e que isso por sua vez permita rever a opinião sobre a outra pessoa. Apesar das boas referências dela, essa má ação que acaba de ser observada deveria ser levada em conta. Mas não é o que acontece. Em vez disso, o cérebro faz ouvidos moucos quando se dá uma discrepância entre aquilo que a priori se pode esperar moralmente de uma pessoa e suas ações efetivas. O núcleo caudado não se ativa, os circuitos de dopamina se apagam e não há aprendizagem. Essa teimosia é um capital social duradouro que pode resistir a certos trancos. Quem aceitou firmemente a palavra de que o outro vai agir bem não altera essa crença pelo mero fato de encontrar uma exceção. Ou seja, a trama da confiança é robusta e duradoura. A semente da confiança social é prima-irmã do otimismo.

Podemos reconhecer isso em uma situação mais mundana. Por exemplo, quando alguém cujas opiniões sobre cinema valorizamos nos recomenda enfaticamente um filme que, para nós, se revela um fiasco. Então maldizemos o momento, mas a confiança nele persiste. Seriam necessários muitíssimos conselhos falhos a mais para que começássemos a questioná-lo. Em contraposição, se uma pessoa cujos gostos mal conhecemos nos recomenda um livro ruim, raramente voltaremos a escutá-la.

RESUMINDO...

Neste capítulo percorremos de ponta a ponta as decisões humanas, desde as mais simples até as mais profundas e sofisticadas. As que nos definem e nos constituem como seres sociais, a moral, a noção do que é justo, as pessoas que amamos. Aquelas decisões que José Saramago diz que "nos tomam".

Ao longo dessa viagem apareceu, naturalmente, uma tensão que até aqui não ficou explícita. Por um lado, a existência de um circuito neuronal comum que medeia praticamente todas as decisões humanas. Por outro lado, uma maneira de decidir marcadamente pessoal. Por isso, a pessoa é o que ela decide. Alguns, como Churchill, são utilitários e pragmáticos; outros, confiantes e ousados; outros ainda, prudentes e temerosos. E mais, essa mescla de decisões coexiste no seio de cada um de nós. Todos somos Churchill e Chamberlain, segundo a ocasião; inclusive Churchill.

Como pode ser que de um mesmo mecanismo cerebral resulte uma fauna tão diversa de decisões? A chave é que a máquina tem porcas e parafusos. E o ajuste fino dessas peças resulta em decisões que parecem muito diferentes, embora se assemelhem constitutivamente. Assim, uma ligeira mudança no balanço entre o córtex frontal lateral e o medial nos define como frios calculistas ou hipersensíveis emocionais. Muitas vezes o que percebemos como oposto é, na realidade, uma pequeníssima perturbação de um mesmo mecanismo.

Isso não é próprio somente da maquinaria de tomar decisões. Talvez seja a essência da biologia que nos define. A diversidade na regularidade. Noam Chomsky fez um marco ao explicar que todas as linguagens, cada uma com sua história, suas idiossincrasias, seus usos e costumes, têm um esqueleto comum. Essa é a própria ideia da linguagem da genética. *Grosso modo*, todos compartilhamos os mesmos genes; se assim não fosse, seria impossível falar de um "genoma humano". Mas os genes não são idênticos. Por exemplo, há certos lugares do genoma — chamados polimorfismos — que gozam de grande liberdade e em grande medida definem o indivíduo único que cada um de nós é.

Evidentemente, essa semente ganha forma em um caldo de cultura social e cultural. Por mais que haja uma predisposição genética e uma semente biológica da cooperação, é absurdo, de qualquer ponto de vista, acreditar que os noruegueses são menos corruptos do que os argentinos em consequência de uma bagagem biológica diferente. Contudo, existe aqui uma sutileza importante. Não é impossível — é antes muito provável — que o cérebro revele, em sua forma e organização, se uma pessoa se desenvolveu numa cultura baseada na confiança ou na desconfiança. Na cultura se ajustam porcas e parafusos da máquina, configuram-se os parâmetros, e o resultado desse ajuste se expressa no modo como decidimos ou confiamos. Ou seja, a cultura e o cérebro se entrelaçam em um eterno e gracioso novelo.*

---

* Minha humilde homenagem ao célebre livro *Gödel, Escher, Bach*, de Douglas Hofstadter, publicado em 1979 pela Penguin Books, que influenciou uma geração de cientistas — na qual me incluo — a lançar-se das disciplinas mais analíticas e quantitativas à aventura do cérebro e do pensamento humano.

# 3. A máquina que constrói a realidade

*Como nasce a consciência no cérebro e como o inconsciente nos governa?*

Hoje é possível ler e explorar o pensamento, decodificando os padrões de atividade cerebral. Dessa forma podemos saber, por exemplo, se um paciente vegetativo está consciente ou não. Também podemos explorar o sonho e elucidar se realmente sucedeu tal como o recordamos ou se é uma fábula criada pelo nosso cérebro quando despertamos. Quem desperta, quando a consciência desperta? O que sucede nesse preciso momento?

Assim como o tempo e o espaço, a consciência é um assunto que todos conhecemos, mas que mal podemos definir. Nós a percebemos em primeira pessoa e a adivinhamos no outro, mas é quase impossível dizer como está constituída. É escorregadia a tal ponto que parece inevitável cair numa espécie de dualismo, apelando para algum artifício (alma, homúnculo).

LAVOISIER, NO CALOR DA CONSCIÊNCIA

A neurociência, com sua capacidade de manipular e adivinhar os sinais da consciência, encontra-se hoje onde se encontrava a física em relação ao calor em plena Revolução Industrial. Estamos indo nesse rumo. Em 8 de maio de 1794, em Paris, acusado de todo tipo de traições, o mais esplêndido dos cientistas gauleses foi guilhotinado pela tropa de Maximilien Robespierre. Antoine Lavoisier tinha cinquenta anos e deixou, entre outros legados, um tratado intitulado *Sobre o calor*, que iria mudar a ordem social e econômica do mundo.

No esplendor da Revolução Industrial, a máquina a vapor era o motor do avanço econômico. A física do calor, que até então havia sido mera curiosidade intelectual, se transferia para o centro da cena. Os empreendedores da época precisavam de respostas urgentes para um problema sobre o qual os cientistas não sabiam quase nada. Então, sobre os pilares de Lavoisier, Nicolas Léonard Sadi Carnot, em um borgeano *Tratado universal sobre máquinas*, esboçou de uma vez por todas a máquina ideal.

Vista hoje, sob a perspectiva privilegiada do tempo decorrido, há algo estranho nessa epopeia da ciência que o presente da consciência rememora. Lavoisier e Carnot não tinham a mais vaga ideia sobre o que era o calor. Pior ainda, estavam emperrados entre mitos e concepções errôneas. Acreditavam, por exemplo, que o calor era a expressão de uma substância, convenientemente chamada *calórico*. Hoje sabemos que o calor é na realidade um estado — agitado e em movimento — da matéria. De fato, para os mais versados no tema, a ideia do calórico parece infantil, quase absurda.

O que pensarão os futuros conhecedores da consciência sobre nossas concepções atuais? Hoje, a neurociência está entre Lavoisier e Carnot. Somos capazes de detectar a consciência, de manipulá-la, de adivinhar seus traços e suas assinaturas. Hoje, como antes com o calor, a ciência tem que dar prontas respostas sobre o problema da consciência, de cujo substrato fundamental ainda não sabemos nada. Mas, tal como naquele momento, isso não nos impede de fazer ciência.

## A PSICOLOGIA NA PRÉ-HISTÓRIA DA NEUROCIÊNCIA

Sigmund Freud foi o Lavoisier da consciência. Ao intuir, caracterizar e em certa medida descobrir o inconsciente, o pai da psicanálise definiu o consciente por oposição constitutiva. Como o dia e a noite, ou a luz e a escuridão.

A grande conjectura de Freud foi que o pensamento consciente é simplesmente a ponta do iceberg. Ele fez esse achado em plena escuridão, observando traços indiretos do inconsciente. Na atualidade, em contraposição, os processos cerebrais inconscientes são observáveis em tempo real e em alta definição.

O grosso da obra de Freud e quase toda a sua linhagem intelectual se construíram sobre uma trama psicológica, desligada, em grande medida, da fisiologia cerebral. Contudo, ele também se ocupou — em idas e vindas, durante o curso de sua vida — em forjar uma teoria dos processos mentais fundamentada no cérebro. Essa busca parece razoável. Para entender a digestão, um gastroenterologista observa o esôfago e o estômago. Para entender a respiração, um pneumologista analisa como funcionam os brônquios e por que se inflamam. De maneira análoga, a observação da estrutura e do funcionamento do cérebro e seu emaranhado de neurônios é um caminho natural para quem quer entender os contornos do pensamento. Sigmund Freud, extraordinário professor de neuropatologia, conhecia em detalhes — ao menos, tanto quanto era possível naquele momento — a composição material do cérebro.

Freud declarou suas intenções em um de seus primeiros textos, *O projeto*, publicado postumamente: a construção de uma psicologia que fosse uma ciência natural, explicando os processos psíquicos como estados determinados e quantitativos da matéria. Acrescentou, ainda, que as partículas constitutivas da matéria psíquica são os neurônios. Esta última conjectura revela uma magnífica intuição de Freud, raramente reconhecida.

Naqueles anos, os cientistas Santiago Ramón y Cajal e Camilo Golgi mantinham uma discussão acaloradíssima. Cajal sustentava que o cérebro era formado por neurônios que se conectavam entre si. Golgi, em contraposição, imaginava o cérebro como um retículo, como se fosse todo ensartado por um só fio. Essa batalha campal da ciência se dirimia no microscópio. Golgi, o grande experimentador, desenvolveu uma técnica de tingimento — conhecida até hoje como *tingimento de Golgi* — para ver o que antes era invisível. Com essa tintura, as bordas cinzentas sobre um fundo cinzento do tecido cerebral adquiriam contraste e se tornavam visíveis no microscópio, brilhantes como ouro. Cajal utilizou a mesma ferramenta. Mas, como bom desenhista, era também um magnífico observador, e, onde Golgi via um continuum, Cajal viu o oposto: peças disjuntas (neurônios) que mal se tocavam. Derrubando em cheio a imagem da ciência como um mundo de verdades objetivas, os dois inimigos obstinados ganharam juntos o primeiro prêmio Nobel de Fisiologia. É um dos exemplos mais preciosos da ciência, por celebrar com seu prêmio máximo, na mesma festa, duas concepções antagônicas.

Passado o tempo, e com o suporte de muitos — e mais potentes — microscópios, hoje sabemos que Cajal tinha razão. Daí provém a neurociência, a ciência que estuda os neurônios, e o órgão que esses neurônios formam, e as ideias, os sonhos, as palavras, os desejos, as decisões, os anseios e as lembranças que eles manufaturam. Mas, quando Freud fundou seu *projeto*, o debate entre neurônios e retículos ainda não estava resolvido.

Portanto, retrospectivamente, é extraordinário que o modelo de cérebro esboçado por Freud em O *projeto* fosse constituído por uma rede de neurônios conectados.

Freud entendeu que ainda não estavam dadas as condições para uma ciência natural do pensamento, e que, portanto, seu *projeto* não o teria como testemunha. Hoje o inconsciente já não está no escuro como naquele momento, e nós, herdeiros de Freud, podemos rendê-lo com grande vantagem. A lupa com a qual observamos o cérebro é muito mais precisa e nos permite decifrar condições cerebrais que mudam no tempo e revelam em detalhe estados de nosso pensamento, inclusive aqueles inconscientes que são opacos para nós mesmos.

FREUD NO ESCURO

Em O *projeto*, Freud esboçou a primeira rede neuronal concebida na história da ciência. Essa rede capturou a essência dos modelos mais sofisticados que hoje emulam em grande detalhe a arquitetura cerebral da consciência. Era constituída por três tipos de neurônios, *phi*, *psi* e *ômega*, que funcionavam como um dispositivo hidráulico.

Os *phi* ($\varphi$) são os neurônios sensoriais e formam circuitos rígidos que produzem reações estereotipadas, como os reflexos. Freud adivinhou uma propriedade desses neurônios que hoje conta com farta evidência experimental: eles vivem no presente. Os neurônios *phi* se descarregam rapidamente porque são constituídos de paredes permeáveis que perdem pressão pouco depois de adquiri-la. Assim, transmitem o estímulo recebido e, quase instantaneamente, esquecem-no. Freud se equivocou na física — os neurônios se carregam eletricamente, e não hidraulicamente —, mas o princípio é quase homólogo; os neurônios sensoriais do córtex visual primário se caracterizam biofisicamente por terem tempos rápidos de carga e descarga.

Os neurônios *phi* também detectam o mundo interior. Por exemplo, reagem quando o corpo registra que é necessário se hidratar, produzindo a sensação de sede. Assim, esses neurônios fornecem um objetivo, uma espécie de razão de ser — buscar água, neste caso —, mas não têm memória nem consciência.

Freud introduziu então outra classe de neurônios, chamados *psi* ($\psi$), capazes de formar memórias e permitir ao seu agente desligar-se da instantaneidade do presente. Os neurônios *psi* são formados por uma parede impermeável que acumula sem perdas a história das sensações. Hoje sabemos que os neurônios no córtex parietal e frontal — que codificam a memória de trabalho (ativados, por exemplo, quando recordamos um número de telefone ou um endereço durante alguns segundos) — funcionam de maneira semelhante à imaginada por Freud. Só que, em vez de terem uma carcaça impermeável, eles conseguem manter viva sua atividade mediante um mecanismo de retroalimentação. Como uma espécie de loop que lhes permite recuperar a corrente que perdem a cada instante. Em contraposição, as memórias de longo prazo — por exemplo, uma recordação da infância — funcionam de maneira muito diferente da que Freud conjecturou. O mecanismo é complexo, mas, em grande medida, a memória se estabelece no padrão de conexão entre neurônios e nas mudanças estruturais destes, e não em sua carga elétrica dinâmica. Isso resulta em sistemas de memória mais estáveis e menos custosos.

Freud intuiu outro problema que seria premonitório. Como se nutre das experiências passadas e das representações do futuro, a consciência não pode estar adscrita ao sistema *phi*, que só codifica o presente. E como o conteúdo da consciência — isto é, o que estamos pensando — muda continuamente, ela tampouco pode corresponder ao sistema *psi*, que não muda no tempo. Com evidente aborrecimento, Freud invocou então um novo sistema de neurônios, os quais denominou *ômega* ($\omega$). Esses neurônios podem — como os de memória — acumular a carga no tempo e, portanto, organizar-se em episódios. A hipótese de Freud era de que a ativação desses neurônios se relacionava com a consciência e que eles podiam integrar informação no tempo e, como em um jogo de amarelinha, saltar de um estado a outro no ritmo de um relógio interno.

Depois veremos que esse relógio efetivamente existe em nosso cérebro, que ele organiza a percepção consciente em uma sequência de fotogramas e que isso explica, por exemplo, por que, ao observarmos uma corrida de automóveis, às vezes as rodas nos parecem girar na direção oposta.

O LIVRE-ARBÍTRIO ABANDONA O DIVÃ

Uma das ideias mais potentes do circuito neuronal de Freud ficou apenas sugerida em *O projeto*. Os neurônios *phi* (sensações) ativam os neurônios *psi* (memória), que por sua vez ativam os neurônios *ômega* (consciência). Ou seja, a consciência se origina nos circuitos inconscientes, e não nos conscientes. Esse fluxo estabeleceu um precedente para três ideias entrelaçadas e decisivas no estudo da consciência:

1) Quase toda a atividade mental é inconsciente.
2) O inconsciente é o motor genuíno de nossas ações.
3) O consciente herda e, em certa medida, *se encarrega* dessas faíscas do inconsciente. Se isso não dá ao consciente a

autoria genuína do agir, ao menos lhe atribui a capacidade de manipulá-lo e, eventualmente, vetá-lo.

Essa tríade, um século depois, tornou-se tangível por meio de experimentos precisos que hackeiam, provocam e delimitam a noção do livre-arbítrio. Quando escolhemos algo, havia genuinamente outra opção? Ou tudo já estava determinado no cérebro, e tivemos somente a ilusão de ser protagonistas?

■ O livre-arbítrio entrou na arena científica com um experimento fundacional de Benjamim Libet. A primeira astúcia foi levar a liberdade de expressão à sua versão mais rudimentar: a de uma pessoa escolhendo, em plena liberdade e vontade, quando apertar uma tecla. Isso reduziu o espaço das intenções a um único ato de um só bit. É uma liberdade simples, mínima, mas liberdade, em suma. Afinal, cada um aperta o botão quando lhe dá na telha. Ou não é assim?
Libet entendeu que, para decifrar esse enigma tão fundamental, precisava registrar ao mesmo tempo três canais da identidade. Em primeiro lugar, o momento exato em que um supostamente livre tomador de decisões acredita estar tomando uma decisão. Imagine, por exemplo, que você está em um trampolim, deliberando durante um bom tempo se vai pular na piscina. O processo pode ser longo, mas há um momento bastante preciso no qual você vai resolver pular (ou não). Com um relógio de alta precisão, e substituindo a vertigem da piscina por uma mera tecla, Libet registrou o momento exato em que os participantes sentiam que tomavam a decisão de apertar a tecla. Essa medida reflete na realidade uma crença subjetiva, o relato que fazemos a nós mesmos de nosso próprio livre-arbítrio.

Libet registrou também a atividade muscular para conhecer o momento preciso em que os participantes faziam uso de sua suposta liberdade e pressionavam a tecla. E descobriu que havia uma pequena defasagem de cerca de trezentos milissegundos — isto é, uma fração de segundo — entre eles acreditarem haver tomado uma decisão e tornarem-na efetiva. Isso é razoável e reflete simplesmente o tempo de condução do sinal motor para que a ação seja executada. A condição extraordinária do experimento de Libet aparece em seu terceiro registro. Ele descobriu um vestígio de atividade cerebral que lhe permitiu identificar, meio segundo antes que os próprios autores da ação reconhecessem sua intenção, o momento em que uma pessoa pressionaria o botão. Foi a primeira demonstração clara, na história da ciência, de um observador capaz de decodificar a atividade cerebral para prever a intenção de outra pessoa. Ou seja, de ler o pensamento alheio.

O experimento de Libet inaugurou um campo de investigação que produziu uma infinidade de novas perguntas, novos detalhes e objeções. Aqui, revisamos somente três. As duas primeiras são de fácil solução. A terceira abre uma porta para algo que mal conhecemos.

Uma primeira objeção: o momento em que se toma a decisão nem sempre é claro. E, mesmo que o fosse, talvez não possa ser registrado com precisão. Uma segunda objeção natural é que, antes de tomar uma decisão, a pessoa se prepara para executá-la. Ela pode se colocar em posição de salto sem sequer ter decidido pular na piscina. Muitos, de fato, nos retiraríamos taciturnamente do trampolim sem saltar. Talvez o que Libet observou tenham sido os titubeios preparatórios de uma decisão.

■ Essas duas objeções se resolvem numa versão contemporânea do experimento de Libet, com duas diferenças sutis, mas decisivas. Em primeiro lugar, aperfeiçoa-se a resolução do instrumento de medição utilizando uma ressonância magnética em vez do eletroencefalograma de poucos canais empregado por Libet; com isso, torna-se possível decodificar estados cerebrais com maior precisão.
A segunda é simplesmente multiplicar por dois a liberdade de expressão, pois agora a pessoa pode escolher entre duas teclas. Essa variante mínima permite separar a escolha (botão direito ou esquerdo) e a ação (o momento de apertar um dos botões).

Com esse acréscimo e com nova tecnologia, a lupa para buscar uma semente inconsciente de nossas decisões aparentemente livres e conscientes se tornou muito mais efetiva. Assim, descobriu-se que, a partir da atividade em uma região do córtex frontal, é possível decifrar o conteúdo de uma decisão dez segundos antes que uma pessoa *sinta* que a está tomando. A região *alcaguete* do cérebro que denota nossas ações futuras é vasta, mas inclui especialmente uma zona na parte mais frontal e medial que já conhecemos: a área 10 de Brodmann, que articula os estados internos com o mundo externo. Ou seja, quando uma pessoa toma efetivamente uma decisão, desconhece que na realidade, dez segundos antes, esta já tinha sido tomada.

O problema de mais difícil solução no experimento de Libet é, em todo caso, saber o que acontece se alguém decidir intencionalmente apertar a tecla mas em seguida frear deliberadamente essa resolução. Sobre isso, o próprio Libet respondeu argumentando que a consciência não tem voto mas tem veto. Isto é, não tem a capacidade nem a liberdade de dar início a uma ação — tarefa do inconsciente —, mas pode, uma vez que essa ação se torna observável para seu próprio registro, manipulá-la e eventualmente freá-la. A consciência, nesse cenário, é uma espécie de *visão prévia* de nossas ações para poder filtrá-las e moldá-las.

No experimento de Libet, se alguém decide apertar a tecla e em seguida muda de ideia, pode-se observar uma cascata de processos cerebrais; o primeiro codifica a intenção da ação que nunca se realiza; depois, um segundo processo, muito diferente do primeiro, revela um sistema de monitoração e censura governado por outra estrutura na parte frontal do cérebro que já conhecemos, o cingulado anterior.

Será que a decisão consciente de frear uma ação vem também de outra semente inconsciente? Isso, no meu entender, ainda é um mistério. O problema está esboçado na fábula borgeana das peças de xadrez:

> *Deus move o jogador, e este, a peça.*
> *Que deus por trás de Deus começa a trama*
> *de pó e tempo e sonho e agonia?*

Nessa infinita recursividade de vontades que controlam vontades — a decisão de se lançar na piscina, depois a de arrepender-se e, portanto, freá-la, depois outra que extingue o medo para que a primeira possa seguir seu curso... — aparece um loop. É a capacidade do cérebro de observar-se a si mesmo. E esse loop talvez constitua o princípio da consciência.

## O INTÉRPRETE DA CONSCIÊNCIA

Os dois hemisférios do cérebro estão conectados por uma estrutura maciça de fibras neuronais chamada corpo caloso. É como um sistema de pontes que coordena o trânsito entre duas metades de uma cidade dividida por um rio; sem as pontes, a cidade se parte em duas. Sem o corpo caloso, cada hemisfério cerebral se limita a si mesmo. Alguns anos atrás, para remediar algumas epilepsias refratárias aos tratamentos farmacológicos, eliminava-se a conexão entre os hemisférios. A epilepsia, em certa medida, é um problema de trânsito de atividade no cérebro, no qual se formam ciclos de atividade neuronal que se retroalimentam. Então, interromper o trânsito é uma maneira dramática, mas eficaz, de frear esses ciclos e, com isso, a epilepsia.

O que acontece com a linguagem, as emoções e as decisões de um corpo que está governado por dois hemisférios que não se comunicam entre si? A metódica resposta a essa pergunta, que permite entender também como os hemisférios repartem funções, valeu a Roger Sperry o prêmio Nobel — dividido com Torsten Wiesel e David Hubel — em 1981. Sperry, junto com seu aluno Michael Gazzaniga, descobriu um fato extraordinário que, à semelhança do experimento de Libet, mudou a maneira de entender como construímos a realidade e, com isso, o combustível da consciência.

Sem o corpo caloso, a informação à qual um hemisfério tem acesso pode não estar disponível para o outro. Cada hemisfério, portanto, constrói seu próprio filme. Mas esses dois filmes são protagonizados pelo mesmo corpo. Como as fibras sensoriais e motoras se cruzam, o hemisfério direito *vê* somente a parte esquerda do mundo e também controla a parte esquerda do corpo. E vice-versa. Por outro lado, algumas (poucas) funções cognitivas estão bastante compartimentadas em cada hemisfério. Os casos típicos são a linguagem (hemisfério esquerdo) e a capacidade de desenhar ou representar um objeto no espaço (hemisfério direito). Por isso, se a um paciente com hemisférios separados for mostrado um objeto do lado esquerdo do campo visual, ele pode desenhá-lo, mas não nomeá-lo. Em contraposição, um objeto à direita do campo visual tem acesso ao hemisfério esquerdo, e portanto pode ser nomeado, mas dificilmente desenhado.

- O grande feito de Sperry foi entender como se constrói o relato da consciência. Imagine a seguinte situação. Um paciente com os hemisférios separados observa uma instrução no campo visual esquerdo. Por exemplo, que lhe darão dinheiro para que ele levante uma garrafa de água. Como foi apresentada no campo visual esquerdo, essa instrução só é acessível ao hemisfério direito. O paciente pega a garrafa. Depois perguntam ao outro hemisfério por que ele a levantou. O que ele responde? A resposta correta, na perspectiva do hemisfério esquerdo — que não viu a instrução —, deveria ser "não sei". Mas o paciente não diz isso. Em compensação, inventa (para si mesmo) uma história. Argumenta que pegou a garrafa porque sentia sede ou porque queria servir água a outra pessoa.

Ele reconstrói uma história plausível para justificar a ação que acaba de realizar, já que a verdadeira razão lhe é inacessível. Por isso o consciente é, além de um testa de ferro, um intérprete, uma espécie de narrador que cria um relato para explicar, em retrospectiva, a trama muitas vezes inexplicável de nossas ações.

*EXPERIMENTÁCULOS*: A LIBERDADE DE EXPRESSÃO

Talvez o aspecto mais chamativo do relato fictício dos pacientes com hemisférios separados seja que não se trata de uma impostura deliberada para ocultar aos outros a própria ignorância.

O relato é verídico inclusive para eles mesmos. A capacidade da consciência de atuar como intérprete e inventar razões é muito mais frequente do que reconhecemos.

Um grupo de suecos de Lund — na vizinhança de Ystad, onde o detetive Kurt Wallander também se ocupa, à sua maneira, das artimanhas da mente — produziu uma versão mais circense do experimento do intérprete. Esses suecos, além de cientistas, são mágicos e, portanto, sabem melhor do que ninguém como forçar a escolha de seus espectadores, fazendo-os acreditar que escolheram em pleno uso de sua liberdade. Esse xeque-mate ao livre-arbítrio é uma espécie de sócio, no mundo do espetáculo, do projeto fundado por Libet.

■ O experimento ou truque, que aqui vem a ser a mesma coisa, funciona assim: uma pessoa vê duas cartas, cada uma com a foto do rosto de uma mulher; deve então escolher aquela que considera mais atraente e depois justificar sua escolha. Até aqui, nem muita mágica nem muita ciência. Às vezes, porém, o cientista — que também atua como mágico — dá ao participante — que também atua como espectador — a carta que este não escolheu. Isso, é claro, com um sutil passe de mágica que torna imperceptível a troca. E então ocorre o extraordinário. Em vez de dizer "desculpe, mas eu escolhi a outra", a maioria dos participantes começa a dar argumentos a favor de uma escolha que na realidade eles nunca fizeram. Outra vez a ficção; outra vez nosso intérprete gera uma história em retrospectiva para explicar a desconhecida trama dos fatos.

Em Buenos Aires, meu amigo e colega Andrés Rieznik e eu organizamos uma equipe de mágica e pesquisa para desenvolver *experimentáculos*, espetáculos que são também experimentos.

Andrés e eu investigamos a *forçação psicológica*, um conceito fundamental na mágica que é quase o oposto do livre-arbítrio. Trata-se de um conjunto de ferramentas precisas para conseguir que o espectador escolha aquilo que o mágico quer. Em seu livro *Libertad de expresión*, o grande mágico espanhol Dani Daortiz explica justamente como o uso da linguagem, do tempo e do olhar consegue fazer com que o outro opte por aquilo que a gente quer. Nos *experimentáculos*, quando o mágico pergunta ao público se viu algo ou não, ou se escolheu a carta "que queria", na realidade está seguindo um roteiro preciso e metódico para investigar como tomamos decisões, como percebemos e recordamos.

Utilizando essas ferramentas, determinamos o que os mágicos intuíam: o espectador não tem a menor ideia de que está sendo forçado e acredita, de fato, que exerce suas opções em plena liberdade. Depois ele constrói relatos — às vezes muito esotéricos — para explicar e justificar escolhas que nunca fez, mas que acredita ter feito. O mais inovador foi encontrar no corpo indícios que revelam se a escolha foi livre ou não. Descobrimos isso medindo a dilatação da pupila, uma resposta autônoma e inconsciente que reflete, entre outras coisas, o grau de atenção e concentração de uma pessoa. Aproximadamente um segundo depois de uma escolha, a pupila se dilata quase quatro vezes mais, quando o mágico força uma decisão, do que quando não o faz. Ou seja, o corpo sabe se foi forçado ou não a escolher. Mas o espectador não tem nenhum registro consciente. Então, para conhecer as verdadeiras razões de uma decisão, os olhos dizem mais do que as palavras.

Esses experimentos abordam o velho dilema filosófico da responsabilidade e, em certa medida, questionam a noção simplista do livre-arbítrio. Mas de nenhum modo o derrubam. Não sabemos onde nem como se origina a faísca inconsciente de Libet. Se já estava escrita havia tempos ou se há genuinamente um ente — a pessoa e seu livre-arbítrio — capaz de governar o curso das coisas. Sobre essas perguntas, hoje só podemos conjecturar, como fazia Lavoisier ao falar do calórico.

## O PRELÚDIO DA CONSCIÊNCIA

Vimos que o cérebro é capaz de observar e monitorar seus próprios processos para controlá-los, inibi-los, moldá-los, freá-los ou simplesmente dar-lhes curso, e isso provoca um loop que é o prelúdio da consciência. Vejamos agora como três perguntas aparentemente inócuas e fúteis podem nos ajudar a revelar e compreender a origem, a razão e as consequências desse loop.

*Por que não conseguimos fazer cócegas em nós mesmos?*

O indivíduo pode se tocar, se observar, se acariciar ou, como Marcel Marceau, dar um presente a si mesmo. Mas ninguém é capaz de se fazer cócegas. Charles Darwin, o grande naturalista e pai da biologia contemporânea, entre suas muitas atividades, enfrentou essa questão com rigor e profundidade. Sua ideia era de que as cócegas só funcionam se a pessoa for surpreendida, e esse fator inesperado desaparece quando as fazemos em nós mesmos. Parece lógico, mas é equivocado. Quem quer que tenha feito cócegas em alguém sabe que elas são igualmente efetivas — ou até mais — se a vítima for deixada de sobreaviso. O problema da impossibilidade reflexiva das cócegas torna-se então muito mais misterioso: não é somente a ausência de surpresa.

Em 1971, Larry Weiskrantz publicou na famosíssima revista científica *Nature* um artigo intitulado "Observações preliminares sobre fazer cócegas em si mesmo". Pela primeira vez, as cócegas entravam pela porta principal na investigação da consciência. Depois foi Chris Frith, outro personagem ilustre na história da neurociência humana, quem as levou a sério como uma janela privilegiada para o estudo da consciência.

- Frith construiu um *cosquiador*, uma espécie de geringonça mecânica para fazer cócegas em si mesmo. O detalhe que transformou o jogo em ciência foi a possibilidade de modificar a intensidade e, especialmente, a demora com que a maquineta atua. Quando o *cosquiador* responde com uma demora de somente meio segundo, as cócegas são sentidas como se fossem feitas por outra pessoa. De fato, deixar passar um tempo entre nossas ações e suas consequências produz uma estranheza que nos faz percebê-las como alheias.*

*Por que, ao movermos os olhos, a imagem que vemos não se move?*

Os olhos estão permanentemente em movimento. Em média, dão três *arrancadas* ou saltos abruptos por segundo. Em cada *arrancada*, se movem a toda a velocidade de um lado a outro da imagem. Se os olhos se movem o tempo todo, porque está fixa a imagem que eles constroem em nosso cérebro?

---

* Há outros estranhamentos que podem ser obtidos com manipulações temporais. Em sua obra *The Greeting*, de 1995, Bill Viola recriou uma pintura maneirista. À primeira vista, trata-se de uma imagem de três mulheres. Em seguida, olhando com atenção e quase por casualidade, reconhece-se que as mulheres estão se aproximando. Mas tudo ocorre tão lentamente que é impossível associar as imagens ao movimento. Depois de dez minutos, as mulheres estão abraçadas. Afirmou-se que Bill Viola não introduz as imagens no tempo, mas o tempo nas imagens.

Hoje sabemos que o cérebro edita a trama visual. É uma espécie de diretor de fotografia da realidade que construímos. A estabilização da imagem depende de dois mecanismos que hoje estão sendo ensaiados em câmeras digitais. O primeiro é a *supressão da arrancada*; o cérebro corta literalmente o registro da imagem quando estamos movendo os olhos. Em outras palavras, no instante em que movemos os olhos, somos cegos.

■ Isso pode ser demonstrado com um experimento caseiro instantâneo: pare diante de um espelho e dirija o olhar para um olho e em seguida para o outro. Ao fazer isso, claro, os olhos se movem. Contudo, você vai ver no espelho seus olhos imóveis. É a consequência da *microcegueira* que ocorre no momento preciso em que os olhos estão se movendo.

Até mesmo se recortarmos o filme mental no momento em que os olhos se movem, continua havendo um problema. Depois de uma arrancada, a imagem deveria se deslocar tal como sucede nos filmes caseiros, ou em *Dogma*, quando o enquadramento de uma câmera muda de forma instantânea de um ponto a outro da imagem. Contudo, isso não acontece. Por quê? Ocorre que os campos receptivos dos neurônios do córtex visual primário — algo como os receptores que codificam cada pixel da imagem — também se deslocam para compensar o movimento dos olhos. Isso gera uma trama perceptiva suave, em que a imagem permanece estática embora o enquadramento mude continuamente. Este é um dos muitos exemplos de como nosso aparelho sensorial se reconfigura de maneira drástica segundo o conhecimento que o cérebro tem das ações que vai executar. Ou seja, o sistema visual é como uma câmera ativa que conhece a si mesma e que muda sua maneira de registrar segundo o modo pelo qual vai se mover. É outra marca do início do loop. O cérebro se reporta a si mesmo, faz registro de suas próprias atividades. É o prelúdio da consciência.

Em um âmbito muito diferente, é a mesma ideia que rege a impossibilidade de se fazer cócegas. O cérebro prevê o movimento que vai fazer, e essa advertência gera uma mudança sensorial. Essa antecipação não pode funcionar de maneira consciente — a pessoa não pode evitar deliberadamente sentir cócegas, como tampouco editar voluntariamente a trama visual —, mas constitui a semente da consciência.

*Como sabemos que as vozes mentais são nossas?*

Passamos o dia falando com nós mesmos, quase sempre em voz baixa. Na esquizofrenia, esse diálogo se funde com a realidade, em uma organização do pensamento infestada de alucinações. Chris Frith resume essa ideia da seguinte maneira: todos alucinamos e confabulamos, e o que distingue em maior medida a mente esquizofrênica é a incapacidade de reconhecer essas vozes como próprias. E, por não serem reconhecidas como próprias, como acontece com as cócegas, é impossível controlá-las.

Esse argumento pode passar por um tenaz escrutínio experimental. A região do cérebro que codifica os sons — o córtex auditivo — responde de maneira atenuada quando escutamos nossa própria voz em tempo real. O mesmo discurso, escutado fora do contexto em que a própria pessoa o produz, gera respostas cerebrais de maior amplitude. É o mesmo que acontece com as cócegas. Essa diferença não é observada no córtex auditivo de um esquizofrênico, cujo cérebro não distingue entre a voz própria e a voz alheia.

Torna-se muito difícil entender as estranhezas da mente, para quem não as experimenta. Como alguém pode perceber suas próprias conversas mentais como se fossem alheias? Elas estão ali dentro, nós as produzimos, é evidente que são próprias. Contudo, há um espaço no qual recorrentemente quase todos cometemos o mesmo erro: os sonhos. Também são ficção de nossa imaginação, mas o sonho exerce sua própria soberania; é muito difícil, quase impossível, apropriar-se de seu relato. E mais: muitas vezes é impossível reconhecê-lo como um sonho ou uma fábula de nossa imaginação. Por isso experimentamos alívio ao despertar de um pesadelo. Em algum sentido, então, o sonho e a esquizofrenia se aproximam, pois ambos coincidem em não reconhecer a autoria de suas próprias criações.*

## EM SÍNTESE: O CÍRCULO DA CONSCIÊNCIA

Esses três fenômenos sugerem um princípio comum. Quando se executa uma ação, o cérebro não só envia um sinal ao córtex motor — para que sejam movidos os olhos e as mãos —, como

---

* Fragmento da segunda noite de *Sete noites*. Fala Borges: "Estava na companhia de um amigo, um amigo que não identifico: eu olhava para ele e ele estava muito mudado. Eu nunca havia visto seu rosto, mas sabia que seu rosto não podia ser aquele. Estava muito mudado, muito triste. Seu rosto estava tomado pelo pesar, pela doença, talvez pela culpa. Mantinha a mão direita dentro do casaco (isso era importante para o sonho). Eu não conseguia ver sua mão, que ele ocultava do lado do coração. Então o abracei, senti que ele necessitava de minha ajuda: "Mas, meu pobre Fulano, o que aconteceu com você? Como você está mudado!". Ele respondeu: "Sim, estou muito mudado". Lentamente, foi tirando a mão. Pude ver que era a garra de um pássaro. O estranho é que desde o início aquele homem estava com a mão escondida. Sem saber, eu preparara aquela invenção: que o homem tivesse uma garra de pássaro e que visse o que havia de terrível na mudança, o que havia de terrível em sua desgraça, já que estava se transformando num pássaro".

também alerta a si mesmo para reacomodar-se com antecedência. Para poder estabilizar a câmera, reconhecer as vozes internas como próprias. Esse mecanismo recebe o nome de *cópia eferente*, e constitui uma maneira que o cérebro tem de observar-se e monitorar-se a si mesmo.

Já vimos que o cérebro é uma fonte de processos inconscientes, alguns dos quais se expressam em ações motoras. Pouco antes de sua execução, estas se tornam *visíveis* para o próprio cérebro, que as identifica como próprias. Essa espécie de assinatura cerebral tem consequências. Sucede quando movemos os olhos, quando não podemos nos fazer cócegas, quando reconhecemos mentalmente nossa própria voz; podemos pensar genericamente esse mecanismo como um protocolo de comunicação interna.

Quando uma empresa — deixemos de lado o cérebro por um momento e falemos de outro consórcio — decide lançar um produto, avisa aos diferentes setores para que possam coordenar esse processo: marketing, vendas, compras, controle de qualidade, comunicação, entre outros. Quando, na empresa, falha a comunicação — sua cópia eferente —, acontecem incoerências. Por exemplo, o setor de compras observa que há menos disponibilidade de um insumo e tem que fazer conjecturas, porque não foi avisado sobre o lançamento de um novo produto. De igual modo, diante da falta de informação interna, produzem-se no cérebro confabulações sobre o cenário mais plausível para explicar o estado das coisas.

## A FISIOLOGIA DA CONSCIÊNCIA

Vivemos em tempos sem precedentes, nos quais a usina do pensamento perdeu opacidade e é observável em tempo real. Podemos então passar sem titubeios à pergunta mais mecânica:

como é a atividade do cérebro no momento em que estamos conscientes de um processo determinado?

A maneira mais direta de abordar essa pergunta é comparar respostas cerebrais a dois estímulos sensoriais idênticos que, por causa de flutuações internas — na atenção, na concentração ou no estado de vigília dos sujeitos —, seguem trajetórias subjetivas completamente diferentes. Em um caso, reconhecemos conscientemente o estímulo, podemos falar dele e reportá-lo. O outro passa sem rastro consciente, impacta os órgãos sensoriais e segue sua trajetória cerebral de algum modo que não resulta em uma mudança qualitativa em nossa experiência subjetiva. Ou seja, não emerge à consciência. Trata-se de um estímulo inconsciente ou subliminar. Pensemos o caso mais tangível e comum de um estímulo inconsciente: suponhamos que alguém fale conosco enquanto estamos adormecendo placidamente. O relato se desvanece de forma progressiva; não deixa de ser som que chega aos nossos ouvidos. Para onde vão as palavras que escutamos durante o sono? *"¿Acaso nunca vuelven a ser algo? ¿Acaso se van? ¿Y adónde van?"**

Comecemos, então, por ver como se representa no cérebro uma imagem subliminar. A informação sensorial chega, por exemplo, em forma de luz à retina, e se transforma em atividade elétrica e química que se propaga através de axônios para o tálamo, bem no centro do cérebro. Daí, a atividade elétrica se propaga para o córtex visual primário, que fica na parte posterior do cérebro, perto da nuca. Assim, cerca de 170 milissegundos depois que um estímulo chega à retina, produz-se uma onda de atividade no córtex visual do cérebro. Essa demora não se deve somente aos tempos de condução no cérebro, mas também à construção de

---

* "Adónde van", Silvio Rodríguez.

um estado cerebral que codifica o estímulo. Nosso cérebro vive, literalmente, no passado.

A ativação do córtex visual codifica as propriedades do estímulo: cor, luminosidade, movimento. Tanto é assim que é possível reconstruir uma imagem no laboratório a partir da ativação cerebral que esta produz. O mais surpreendente é que isso acontece inclusive se a imagem for apresentada subliminarmente. Ou seja, uma imagem fica gravada ao menos por um tempo no cérebro, ainda que essa atividade cerebral não baste para produzir uma imagem mental consciente. Com a tecnologia adequada, essa imagem gravada pode ser reconstruída e projetada. Assim, hoje, podemos ver o inconsciente.

Todo esse rio de atividade cerebral que acontece no subterrâneo da consciência não difere muito do que é provocado por um estímulo *privilegiado*, que, este sim, acessa o registro e o relato da consciência. Isso é interessante em si mesmo e constitui o esquema cerebral do condicionamento inconsciente que Freud esboçou. Mas o inconsciente, em termos fenomenológicos e subjetivos, é muito diferente do consciente. O que acontece no cérebro para diferenciar um processo do outro?

A solução é muito parecida com o que faz um fogo se propagar ou um tuíte viralizar. Algumas mensagens circulam num âmbito local, e certos incêndios ficam confinados a setores pequenos de um bosque. Mas de vez em quando, por circunstâncias próprias do objeto — o assunto de um tuíte ou a intensidade do fogo —, ou da rede — a umidade do solo ou a hora do dia em uma trama social —, o fogo e o tuíte tomam de assalto toda a rede. Propagam-se maciçamente, num fenômeno que amplifica a si mesmo. Tornam-se virais e incontroláveis.

No cérebro, quando a intensidade da resposta neuronal a um estímulo ultrapassa certo limite, produz-se uma segunda onda de atividade cerebral, cerca de trezentos milissegundos depois que ocorre o estímulo. Essa segunda onda de atividade já não está confinada a regiões cerebrais próprias da natureza sensorial do estímulo — o córtex visual para uma imagem ou o córtex auditivo para um som —, e é exclusiva dos processos conscientes, como um fogo que se estendeu a todo o cérebro.

Se houver essa segunda onda maciça que toma de assalto o cérebro de maneira quase integral, o estímulo é consciente. Do contrário, não o é. Essa marca de atividade cerebral forma uma espécie de marca digital da consciência que nos permite saber se uma pessoa está consciente ou não, acessar sua subjetividade e conhecer o conteúdo de sua mente.

Essa onda de atividade cerebral, que só se registra nos processos conscientes, é:

1) MACIÇA. Um estado de grande atividade cerebral propagada e distribuída por todo o cérebro.

2) SINCRÔNICA E COERENTE. O cérebro é constituído por diferentes módulos que realizam atividades específicas. Quando um estímulo chega à consciência, todos esses módulos cerebrais se sincronizam.

3) MEDIADA. Como o cérebro consegue constituir um estado de atividade maciça e coordenada entre módulos que costumam funcionar de maneira independente? Quem faz essa tarefa? A resposta, outra vez, é análoga às redes sociais. O que faz uma informação viralizar? Nas redes existem *hubs* ou centros de trânsito que funcionam como grandes propagadores de informação. Por exemplo, se o Google priorizar uma informação particular em uma busca, sua difusão aumenta.

No cérebro há pelo menos três estruturas que cumprem esse papel:
a) O córtex frontal, que atua como uma espécie de torre de controle.
b) O córtex parietal, que tem a virtude de estabelecer mudanças dinâmicas de rota entre diferentes módulos do cérebro, algo como os desvios ferroviários que permitem que um trem passe de uma via a outra.
c) O tálamo, que está no centro do cérebro, conectado com todos os córtices e encarregado de comunicá-los entre si. Quando se inibe o tálamo, dissocia-se fortemente o trânsito na rede cerebral — como se um dia o Google se desligasse —, e os diferentes módulos do córtex cerebral não podem sincronizar-se, fazendo com que a consciência desapareça.

4) COMPLEXA. O córtex frontal, o córtex parietal e o tálamo permitem que os diferentes setores do cérebro atuem de maneira coerente. Mas quão coerente deve ser a atividade no cérebro para que resulte eficaz? Se a atividade fosse completamente desordenada, o trânsito e o fluxo de informação entre diferentes módulos se tornaria impossível. Por outro lado, a sincronia plena é um estado no qual se perdem níveis e hierarquias, não se formam módulos nem compartimentos que possam realizar funções especializadas. Nos estados cerebrais extremos, de atividade completamente ordenada ou, ao contrário, caótica, desaparece a consciência.

Isso significa que a sincronização deve ter um grau intermediário de complexidade e estrutura interna. Podemos entender isso mediante uma analogia com a improvisação musical: se for totalmente desordenada, o resultado é puro ruído; se a música for homogênea e nenhum instrumento apresentar variações em relação aos demais, perde-se toda a riqueza musical. O mais interessante acontece em um grau de ordem intermediária entre esses dois estados, em que há coerência entre os diferentes instrumentos mas também uma certa liberdade. O mesmo ocorre com a consciência.

## LENDO A CONSCIÊNCIA

Em julho de 2005, uma mulher sofreu um acidente de trânsito do qual saiu em estado de coma. Depois dos procedimentos de rotina, inclusive uma cirurgia para reduzir a pressão cerebral por causa de várias hemorragias, os dias passaram sem sinais de recuperação da consciência. A partir desse momento, e durante semanas e meses, a mulher abria espontaneamente os olhos, tinha ciclos de sono e vigília e alguns reflexos. Mas não fazia nenhum gesto que indicasse uma resposta voluntária. Todas essas observações correspondiam ao diagnóstico de estado vegetativo. Era possível que, contra toda a evidência clínica, a paciente tivesse uma vida mental rica, com uma paisagem subjetiva semelhante à de uma pessoa em estado de plena consciência? Como poderíamos saber? Como investigamos o filme mental de outrem, quando ele não tem como relatá-lo?

Em geral, inferimos os estados mentais de outras pessoas — felicidade, desejo, tédio, cansaço, saudade — por seus gestos e relatos. A linguagem permite compartilhar, de maneira mais ou menos rudimentar, os estados próprios e privados,* o amor, o desejo, a dor, uma lembrança ou uma imagem extraordinária. Mas,

---

* Existe algo menos rudimentar do que a linguagem? Qual é a imagem que vale mais do que mil palavras?

se a pessoa não é capaz de exteriorizar essa vida mental, como acontece por exemplo durante o sono, a reclusão se torna total. Os pacientes vegetativos não têm capacidade de exteriorizar seu pensamento e, portanto, não é estranho presumir-se a ausência deste. O pensamento está enclausurado.

Tudo isso mudou. As propriedades da atividade consciente que enumeramos se tornam dramaticamente relevantes porque nos permitem decidir de maneira objetiva se uma pessoa tem elementos de consciência. Funcionam como uma ferramenta para ler e decifrar os estados mentais alheios, algo que se torna mais pertinente quando é o único recurso, como no caso dos pacientes vegetativos.*

OBSERVANDO A IMAGINAÇÃO

Cerca de sete meses depois do acidente de trânsito que a deixou em estado vegetativo, aquela mulher foi submetida a um estudo de ressonância magnética funcional. A dúvida não era a estrutura, mas a função do cérebro. O traçado de atividade cerebral podia expressar de forma transparente seu pensamento? Sua atividade cerebral, ante a escuta de diferentes frases, era comparável à de qualquer pessoa sã. O mais interessante era que a resposta resultava mais pronunciada quando a frase era ambígua. Isso sugeria que o cérebro estava lidando com essa ambiguidade, o que indicava

---

* Nomear é uma arte; às vezes, uma arte terrível. O termo "vegetativo" já é revelador, pressupõe um organismo que simplesmente passa pelo seu ciclo de vida sem ser protagonista genuíno dos próprios atos. Um metabolismo, a regulação de funções vitais, algum propósito e até alguma resposta emocional automática, mas nada que esteja representado por um agente que decide para onde convém dirigir sua vida mental e corporal.

uma forma de pensamento elaborada. Quem sabe essa mulher não se encontrava realmente em estado vegetativo? Essa observação não era suficiente para responder a uma pergunta tão importante. Durante o sono profundo ou a anestesia — na qual se presume que efetivamente uma pessoa está inconsciente —, o cérebro também responde de maneira elaborada a frases e sons. Como se pode examinar com mais precisão a assinatura da consciência? É preciso visualizar a imaginação.

Quando uma pessoa consciente imagina estar jogando tênis, ativa-se principalmente uma região conhecida como área motora suplementar (SMA, na sigla em inglês). Essa região controla o movimento muscular.* Em contraposição, quando alguém imagina estar caminhando por sua casa — todos podemos seguir mentalmente o percurso de uma grande quantidade de mapas, linhas de ônibus, casas de avós, de amigos, cidades, estradas —, ativa-se uma rede que inclui sobretudo o para-hipocampo e o córtex parietal.

As regiões que se ativam quando alguém imagina estar jogando tênis ou caminhando por sua casa são muito distintas. Isso poderia ser usado para decifrar o pensamento de maneira rudimentar, mas eficaz. Já não é preciso perguntar a alguém se imagina que está jogando tênis ou caminhando por sua casa. É possível decodificá-lo com precisão observando sua atividade cerebral. Com essa resolução pode-se ler a mente do outro, ao menos em um código binário: tênis ou casa. Tal ferramenta se torna particularmente relevante quando não é possível perguntar. Ou melhor, quando o outro não pode responder.

---

* Não se deve interpretar equivocadamente esse resultado supondo que essa é a região cerebral *do tênis*. Não existe tal coisa. Essa região exerce uma função de coordenação da atividade muscular, e também se ativaria, claro, se a pessoa imaginasse uma dança, um salto ou um jogo de pelota basca.

■ Essa mulher de 23 anos, enclausurada em um diagnóstico, seria capaz de imaginar? O neurocientista inglês Adrian Owen e seus colegas responderam a essa pergunta no aparelho de ressonância, em janeiro de 2006. Pediram à paciente que imaginasse estar jogando tênis e depois caminhando pela sua casa, em seguida tênis de novo, outra vez caminhando, e assim fizeram-na imaginar alternadamente uma coisa e a outra. A ativação cerebral foi indistinguível da de uma pessoa sã. Podia-se razoavelmente inferir que ela era capaz de imaginar e, portanto, que tinha alguma forma de consciência muito mais significativa do que a que seus médicos haviam pensado até esse momento mediante a mera observação clínica.

A aventura de observar o pensamento alheio dentro do cérebro assinalou, assim, um marco na história da humanidade, quando a mulher conseguiu romper aquela grande carcaça de opacidade na qual seu pensamento havia permanecido confinado durante meses.

## SOMBRAS DA CONSCIÊNCIA

A demonstração do tênis e a navegação espacial têm uma importância ainda maior: são uma maneira de se comunicar. Rudimentar, mas efetiva.

■ Com isso, pode-se estabelecer uma espécie de código morse. Sempre que você quiser dizer "sim", imagine estar jogando tênis. Sempre que quiser dizer "não", imagine estar caminhando pela sua casa. Dessa forma, o grupo de Owen conseguiu se comunicar pela primeira vez com um paciente vegetativo de 29 anos. Quando lhe perguntaram se o nome de seu pai era

Alexander, ativou-se a área motora suplementar, que indica a imaginação de tênis e que significava, nesse código, um "sim". Depois perguntaram ao paciente se seu pai se chamava Tomás e ativou-se o para-hipocampo, que indica a navegação espacial e que nesse código representava um "não". Fizeram-lhe cinco perguntas, às quais ele respondeu corretamente com esse método. Mas não respondeu à sexta.
Os pesquisadores argumentaram que ele podia não ter escutado ou que talvez estivesse dormindo. Isso, claro, é muito difícil de determinar em um paciente vegetativo. O resultado mostra, simultaneamente, o infinito potencial dessa janela para conectar-se com um mundo antes inacessível, e também um certo ceticismo.

Este último esclarecimento, em meu entender, é pertinente e necessário para advertir sobre um telefone avariado na comunicação da ciência, que distorce a realidade. Os indícios de comunicação dos pacientes vegetativos são promissores, mas ainda muito rudimentares. É provável que a limitação atual possa reduzir-se a uma questão de tecnologia, mas é enganoso crer — ou fazer crer — que essas medidas indicam uma consciência parecida, em forma e conteúdo, com a de uma vida normal. Talvez se trate de um estado muito mais confuso e desordenado. Uma mente desagregada, fragmentada: como saber?
Tristán Bekinschtein, meu amigo e companheiro de andanças, lançou-se comigo a esse desafio. Nossa abordagem, em certo sentido, foi minimalista, pois buscamos identificar o comportamento mínimo para o qual é estritamente necessária a consciência. E encontramos a solução em um experimento feito por Larry Squire, o grande neurobiólogo da memória, adaptando um experimento clássico de Pavlov.

■ O experimento funciona da seguinte forma. Enquanto observa um filme — de Charlie Chaplin —, a pessoa escuta uma sequência de tons: *bip bup bip bip bup...* Um é agudo e outro, grave. Um segundo depois de cada vez em que o tom grave* soa, ela recebe um leve mas ligeiramente desconfortável jorro de ar em uma pálpebra.
Cerca de metade dos participantes tomou consciência dessa estrutura, o tom agudo seguido pelo tom grave e pelo sopro. A outra metade não aprendeu a relação; não descobriu as regras do jogo. Limitou-se a descrever os tons e o sopro incômodo, mas não percebeu nenhuma relação entre eles. Somente aqueles que descreveram conscientemente as regras do jogo adquiriram o reflexo natural de baixar a pálpebra depois do tom grave, antecipando o sopro para atenuar seu efeito.

O resultado de Squire parece inocente, mas é muito poderoso. Esse procedimento extremamente simples estabelece uma prova mínima — um teste de Turing — para a existência de consciência. É a ponte perfeita entre aquilo que queríamos saber — se pacientes vegetativos têm consciência — e aquilo que podíamos medir — se as pálpebras se movem ou não, algo que os pacientes vegetativos podem fazer —, e Tristán e eu construímos essa ponte para medir a consciência em pacientes vegetativos.
Um dos poucos momentos de minha carreira científica em que senti a vertigem da descoberta foi quando Tristán e eu, em Paris, vimos um paciente que aprendia tanto quanto as pessoas que estavam plenamente conscientes. Depois, repetindo laboriosamente esse procedimento, constatamos que somente três dos

* O *bup*, claro, senão Bouba não seria quem é.

35 pacientes que havíamos examinado mostravam uma forma residual da consciência.

■ Levamos muitos anos refinando o processo para começar a explorar mais em detalhe como se vê a realidade a partir da perspectiva de um paciente vegetativo que tem indícios de consciência. Para isso, adaptamos o experimento de tons e sopros a uma versão um pouco mais sofisticada. Dessa vez, era preciso descobrir quais diferentes palavras de uma mesma categoria semântica prenunciavam um sopro. Para aprender essa relação, não bastava estar consciente; além disso, devia-se dirigir a atenção às palavras. Ou seja, o distraído ou aquele que atentava para outro jogo aprendia de maneira muito mais rudimentar.

Assim, pudemos perguntar-nos sobre o foco da atenção nos pacientes vegetativos e descobrimos que sua forma de aprendizagem se assemelha muito à das pessoas distraídas. Talvez essa seja uma metáfora melhor para o funcionamento da mente de alguns pacientes vegetativos com sinais de consciência: formas de pensamento mais voláteis, um estado muito mais flutuante, menos atento e mais desordenado.

A consciência tem muitos indícios. Estes podem se combinar naturalmente para determinar se uma pessoa está consciente, mas o argumento favorável ou contrário à consciência de um paciente não pode ser definitivo nem estar livre de erro. Se a atividade frontal e talâmica é normal, se a atividade cerebral tem um nível de coerência intermediária, se diante de certos estímulos gera atividade sincrônica e depois de cerca de trezentos milissegundos produz uma onda de atividade cerebral maciça, e se, além disso, mostra um indício de imaginação dirigida e formas de aprendizagem para as quais é necessária a consciência... Se todas essas condições se dão simultaneamente, então é muito plausível que essa pessoa esteja consciente. Se só se dão algumas delas, a certeza sobre a consciência é menor. Todas essas ferramentas constituem, em última análise, as melhores medidas para gerar um diagnóstico possível de atividade consciente.

O diagnóstico gerado com toda a bateria de ferramentas operando ao mesmo tempo resulta bastante preciso. Sem poder falar com os pacientes, apenas observando sua atividade cerebral, hoje é possível dar uma resposta sobre sua consciência com uma precisão próxima de 80%.

## OS BEBÊS TÊM CONSCIÊNCIA

A pesquisa sobre o pensamento alheio também é uma janela para o misterioso universo do pensamento dos recém-nascidos. Como se desenvolve a consciência antes que um neném possa expressá-la em gestos e palavras concisas?*

Os recém-nascidos têm uma organização do pensamento muito mais sofisticada e abstrata do que imaginamos, e são capazes de formar conceitos numéricos ou morais, como vimos. Mas essas formas de pensamento podem ser inconscientes e não nos dizem muito sobre o registro subjetivo da experiência durante o desenvolvimento. Os bebês têm consciência do que lhes acontece, de suas lembranças, de seus seres queridos, de suas tristezas? Ou trata-se de meras expressões de reflexos e de um pensamento inconsciente?

---

* A etimologia de infante — do prefixo *in* e *fari*, falar — é precisamente isto: que não fala.

Esse é um terreno extremamente inovador na pesquisa. E foi minha amiga e colega de muitos anos, Ghislaine Dehaene-Lambertz, quem primeiro levantou a questão. A estratégia é simples: trata-se de observar se a atividade cerebral dos bebês tem as assinaturas cerebrais que indicam um pensamento consciente em adultos. O truque é muito semelhante ao do experimento para entender como se bifurcam no cérebro adulto um processo consciente e um inconsciente.

Aos cinco meses, a primeira fase de resposta cerebral está praticamente consolidada. Essa fase codifica um estímulo visual, quer este chegue ou não à consciência. A essa altura, o córtex visual já é, sem dúvida, capaz de reconhecer rostos, e o faz em tempos e formas similares aos de um adulto.

A segunda onda — exclusiva da percepção consciente — muda durante o desenvolvimento. Na idade de um ano, já está praticamente consolidada e apresenta formas muito similares às de um adulto, mas com uma ressalva reveladora: é muito mais tardia. Em vez de consolidar-se em trezentos milissegundos, ocorre quase um segundo depois que se vê um rosto, como se o filme consciente dos bebês tivesse uma defasagem de um segundo, como quando assistimos a uma partida em uma transmissão com atraso e escutamos o grito de gol de nossos vizinhos um pouco antes de vê-lo na tela.

Essa demora na resposta é muito mais drástica nos bebês de cinco meses. Nessa fase, muito antes do desenvolvimento da palavra, antes de começarem a engatinhar, quando mal conseguem se sentar, os bebês já têm uma atividade cerebral que denota uma resposta abrupta e estendida ao longo do cérebro, a qual persiste depois que o estímulo desaparece.

É o melhor registro que temos para supor que eles têm consciência do mundo visual. Seguramente, menos ancorada em ícones precisos, provavelmente mais confusa, mais lenta e vacilante, mas consciência, em todo caso. Ou, pelo menos, é isso que o cérebro deles nos conta.

Essa é a primeira aproximação na história da ciência para navegar em um território antes completamente desconhecido: o pensamento subjetivo dos bebês. Não o que eles são capazes de fazer, responder, observar ou recordar, mas algo muito mais privado e opaco, aquilo que eles são capazes de perceber a partir de sua consciência.

Decidir o estado de consciência de um bebê ou de uma pessoa em estado vegetativo já não é uma mera deliberação de intuições. Hoje temos ferramentas que nos permitem entrar ao vivo e diretamente no substrato material do pensamento. Essas ferramentas nos servem para quebrar uma das barreiras mais herméticas e opacas da solidão.

Hoje conhecemos muito pouco sobre o substrato material da consciência, como acontecia outrora com a física do calor. Porém o mais notável é que, apesar de tanta ignorância, hoje podemos manipular a consciência, desligá-la, acendê-la, lê-la e reconhecê-la.

# 4. As viagens da consciência

*O que acontece no cérebro enquanto sonhamos?*
*Podemos decifrar, controlar e manipular os sonhos?*

ESTADOS ALTERADOS DA CONSCIÊNCIA

Os dois estão deitados. Ele conta com uma voz grave e monótona a história que já contou a ela mil vezes. Empurra o ar que faz vibrar suas cordas vocais, e o som se modula na língua, nos lábios e no palato. Em menos de um milésimo de segundo, essa onda de pressão sonora ricocheteia no ouvido da filha. O som volta a ser movimento no tímpano dela, que está escutando. O movimento no ouvido ativa receptores mecânicos na ponta das células ciliares, uma magnífica peça de maquinaria biológica que transforma as vibrações do ar em impulsos elétricos. A cada vaivém dessas células, em suas membranas abrem-se canais microscópicos pelos quais escoam íons, gerando uma corrente que se propaga em todos os sentidos do córtex auditivo, e essa atividade neuronal reconstrói as palavras que ela, como sempre, repete em voz baixa. Essas mesmas palavras, que soam na voz grave, monótona, atenta e de inflexões delicadas de seu pai, agora vivem na história que ela constrói em sua mente quando escuta o conto que já escutou mil vezes.

Agora ela respira mais profundamente, um bocejo, um breve estremecimento do corpo, e adormece. Ele não se interrompe, não muda o ritmo nem o volume nem a prosódia. O som se propaga como antes e impacta o tímpano da filha, desloca as células ciliares, e a corrente de íons ativa os neurônios do córtex auditivo. Tudo é igual, porém ela já não constrói uma história. Já não repete as palavras em voz baixa. Ou sim? Para onde vão as palavras que escutamos durante o sono?

■ A essa pergunta lançou-se Tristán Bekinschtein. Para respondê-la, ele preparou um jogo simples, tedioso e rotineiro, ideal para fazer dormir. Uma recitação de palavras. Um jogo infantil. Não é a imagem que temos de um experimento típico de laboratório; pelo contrário, acontece em uma cama onde alguém escuta uma voz repetitiva e sonífera: *elefante, cadeira, mesa, esquilo, avestruz...* A cada vez que escuta o nome de um animal, a pessoa na cama deve mover a mão direita; se for um móvel, a esquerda. É fácil e hipnótico. Dali a pouco as respostas se tornam intermitentes. Às vezes são extremamente lentas e por fim desaparecem. A respiração fica mais profunda e o eletroencefalograma mostra um estado sincrônico. Ou seja, aquele que escuta a recitação já dormiu. As palavras continuam, como se o relato tivesse inércia, como no conto do pai, o qual presume que sua filha escuta de dentro do sono.

Assim, observando a marca das vozes nas transições de sono, Tristán descobriu que no cérebro do adormecido essas vozes se tornam palavras, e essas palavras adquirem significado. E mais: o cérebro continua jogando o mesmo jogo; a região cerebral que controla a mão direita se ativa a cada vez que se menciona um animal, e a região que controla a mão esquerda o faz a cada vez que se trata de um móvel, tal como ditavam as regras do jogo estabelecidas durante a vigília.

A consciência tem um interruptor. No sono, no coma ou sob anestesia, o interruptor muda de estado, e a consciência se desliga. Em alguns casos, o desligamento é drástico, e a consciência se esfuma sem meias-tintas. Em outros, como na transição para o sono, a consciência se desvanece pouco a pouco, de maneira intermitente. Com o interruptor ligado, a atividade cerebral associada aos estados de consciência assume diferentes formas; vimos, por exemplo, que a consciência das crianças menores opera em outra temporalidade e que a dos esquizofrênicos não tem a capacidade de identificar as vozes próprias, gerando uma distorção do relato.

## ELEFANTES NOTURNOS

Podemos pensar o sono como um terreno propício a uma simulação mental em que o corpo não se expõe. Essa desconexão entre a mente e o corpo é literal: durante o sono, há uma inibição dos neurônios motores, pelos quais o cérebro controla e governa os músculos, gerando uma química cerebral muito diferente daquela da vigília.

Normalmente há uma sincronia entre o retorno ao estado de vigília — que se caracteriza pelo pensamento organizado e consciente da experiência — e o contato com o corpo. Às vezes, porém, esses dois processos se defasam, e despertamos sem ter retomado o contato químico com nosso corpo. Isso se chama paralisia do sono, e afeta entre 10% e 20% das pessoas. Essa experiência pode ser desesperadora, porque vivemos uma paralisia completa em plena lucidez. Depois de alguns minutos, ela se resolve sozinha, e o cérebro recupera o contato com o corpo.

Também pode acontecer o oposto: que durante o sono o cérebro não se desconecte do músculo, e com isso o sonhador põe em prática seu sonho.*

O que o cérebro faz durante o sono? A primeira coisa que deveríamos saber é que, durante o sono, o cérebro não desliga. Na realidade, o cérebro nunca se detém; quando ele desliga, a vida acaba. Quando dormimos, ao contrário, ele apresenta uma atividade contínua, tanto durante o sono REM — sigla em inglês para *movimentos oculares rápidos* —, que corresponde a sonhar,** quanto durante o sono de ondas lentas, em que dormimos profundamente sem relato onírico.

O mito de que o cérebro se desliga de noite vem junto com a ideia de que o sono é tempo perdido. Reconhecemos os méritos da vida própria e alheia através dos sucessos que acontecem na vigília — os trabalhos e os dias, os amigos, as relações —, mas não há mérito em ser um bom sonhador.*** Esse apreço pela vigília é simplesmente um traço de algumas culturas, entre elas a ocidental. Em outras sociedades, o sonho tem um lugar muito mais primordial. Na versão mais exagerada, trata-se, como no personagem das ruínas circulares de Borges, de consagrar a vigília, o tempo e o corpo à *única tarefa de dormir e sonhar.*

---

\* Em alguns casos — que felizmente são muito raros —, essa conexão com o corpo durante o sonho pode ser muito grave. Um exemplo dramático é o do galês Brian Thomas, um devoto e bom samaritano que, no meio de um pesadelo no qual acreditava estar lutando com um ladrão, estrangulou a esposa até matá-la. Ao despertar, arrasado e sem entender o que havia feito, chamou a polícia para contar que havia assassinado sua companheira de vida durante quarenta anos.
\*\* Em espanhol, o *sueño* (sono), ter *sueño* (sono), ter um *sueño* (sonho), *soñar* (sonhar). Uma mesma palavra que refere à esperança, à fantasia, ao visionário, àquele que sonha e àquele que dorme.
\*\*\* Méritos que poderiam ser devidamente compilados em um *curriculum somnii*.

O sono é um estado reparador, durante o qual é executado um programa de limpeza que elimina refugos e resíduos biológicos do metabolismo cerebral. No cérebro, durante a noite, recolhe-se o lixo. Essa descoberta biológica relativamente recente corresponde a uma ideia comum e intuitiva: o sono é funcional à vigília e, sem ele, além de nos cansarmos, adoecemos.

Para além desse papel reparador, durante o sono também se acionam aspectos-chave do aparelho cognitivo. Por exemplo, durante uma das primeiras fases do sono — de ondas lentas —, consolida-se a memória. Assim, depois de algumas horas de sono e até mesmo de uma breve sesta, recordamos melhor o que aprendemos durante o dia. E isso não se deve somente ao repouso. Pelo contrário: deve-se em grande medida a um processo ativo que sucede durante o sono. De fato, por meio da lupa mais apurada de experimentos na escala celular e molecular, sabemos que durante essa fase do sono se reforçam conexões específicas entre neurônios no hipocampo e no córtex cerebral que configuram e estabilizam a memória. Essas mudanças se originam durante a experiência diurna e se consolidam durante o sono. Tão preciso é esse mecanismo que pode recapitular de maneira exata, durante o sono, alguns dos padrões neuronais que se ativaram durante o dia. Trata-se de uma versão fisiológica contemporânea de uma das principais ideias de Freud sobre o sonho, o resíduo do dia. Os que advogam a favor das sestas podem argumentar, além disso, que não é necessário um sono longo e noturno para que isso aconteça. As sestas curtas também são funcionais à consolidação da memória.

Durante o sono de ondas lentas, a atividade cerebral aumenta e diminui, formando ciclos que se repetem com um período de pouco mais de um segundo. Ou seja, os pulsos de atividade cerebral oscilam em um ritmo claro, lento e definido. Quanto mais pronunciada é essa onda oscilatória de atividade, mais efetiva se torna a consolidação da memória. Pode-se induzir essa oscilação partindo de fora do cérebro daquele que dorme, e assim melhorar sua memória?

- O ritmo de atividade cerebral no sono de uma pessoa pode ser medido por um eletroencefalograma. Depois se pode potencializar a atividade neuronal daquele que dorme fazendo-o escutar sons sincronizados com o ritmo de seu cérebro.
Esse experimento, implementado pelo neurocientista alemão Jan Born, começava durante o dia com uma lista de palavras novas que deviam ser recordadas. Born descobriu que as pessoas que mais tarde, durante a noite, escutavam tons sincronizados com o ritmo de sua própria atividade cerebral recordavam no dia seguinte muito mais palavras do que aquelas que não eram estimuladas ou que haviam sido estimuladas de maneira assincrônica.

Ou seja, manipulando de maneira relativamente simples um mecanismo cerebral que consolida a aprendizagem durante o sono, podemos aperfeiçoar a memória daquilo que se começou a aprender durante a vigília. Contudo, a fantasia de usar fones de ouvido à noite e amanhecer falando um novo idioma, que nunca havíamos praticado durante a vigília, continua sendo isto: uma fantasia.*

## A CONFABULAÇÃO DO URÓBORO

O primeiro papel cognitivo do sono é, então, a consolidação da memória durante uma fase conhecida como ondas lentas, na

* *Désolé.*

qual a atividade cerebral é monótona e repetitiva. Mas esse registro não caracteriza a atividade cerebral durante todo o sono. Na fase REM, a atividade cerebral é muito mais complexa e se assemelha à do estado de vigília. De fato, durante o período REM, a atividade da pessoa adormecida se torna consciente sob a forma de sonho.

Quem acorda no meio do ciclo REM tem quase sempre uma vívida lembrança do conteúdo do sonho. Isso, em contraposição, não acontece quando despertamos em outras fases do sono. Do ponto de vista de nossa experiência subjetiva, a consciência durante o sonho se assemelha à da vigília. O relato é mais desordenado, porém não mais inverossímil: podemos voar, falar com pessoas que já não estão vivas, atravessar um jardim de locomotivas semienterradas e até respeitar as regras de trânsito. As imagens do sonho são vívidas e intensas. Mas há algo estranho: perdemos a noção de que somos autores do relato de nosso sonho. De fato, esse talvez seja seu aspecto mais confuso. Vivemos o que sonhamos como se fosse uma descrição genuína da realidade, e não um invento da imaginação.

A principal diferença entre a consciência do sonho e a da vigília é o controle. Durante o sonho, como na esquizofrenia, não detectamos que somos os autores daquele mundo virtual. A natureza bizarra do sonho não é suficiente para que o cérebro o reconheça como o que ele é: uma alucinação.

Assim como o sono de ondas lentas é um estado no qual se repete a atividade neuronal da vigília, durante o sono REM, em contraposição, geram-se padrões neuronais mais variáveis e com capacidade de recombinar circuitos neuronais preexistentes. Será isso uma metáfora do que acontece no plano cognitivo? O sono REM será o estado propício para criar novas ideias e conectar elementos do pensamento que durante a vigília estavam desconectados? O sonho é a usina do pensamento criativo?

A história da cultura humana está cheia de fábulas e relatos de ideias revolucionárias gestadas em sonhos. Uma das mais famosas é a de August Kekulé, o descobridor da estrutura do benzeno, um anel de seis átomos de carbono. Durante uma comemoração desse grande marco da história da química, Kekulé revelou a trama secreta da descoberta. Depois de fracassar miseravelmente durante anos, ele encontrou a solução definitiva ao sonhar com um uróboro, uma serpente que morde a própria cauda, formando um anel. Algo semelhante aconteceu a Paul McCartney, que despertou em seu quarto da Wimpole Street com a melodia de "Yesterday" na cabeça. Durante dias, McCartney procurou entre amigos e lojas de discos uma pista sobre a origem da melodia, porque supunha que seu devaneio provinha de algo que ele já tinha escutado.

Já antecipamos o problema dessas historietas: o relato consciente está impregnado de fábulas. O mesmo vale para a memória e a lembrança, pois uma pessoa pode recordar, com plena convicção, um episódio que nunca ocorreu. Mais extraordinário ainda é que seja factível implantar uma lembrança e que o implantado a tome como autêntica. Além disso, apelar para a criatividade durante o sono pode ser um truque e uma armadilha.

Talvez com essa intuição em mente, o químico John Wotiz reconstituiu meticulosamente a história da descoberta da estrutura do benzeno. Assim, descobriu que o químico francês Auguste Laurent, dez anos antes do *sonho de Kekulé*, já havia explicado que o benzeno era um anel de átomos de carbono. A tese de Wotiz é que a invocação do sonho foi parte da estratégia de Kekulé para ocultar um furto. O que Paul McCartney temia honestamente — que seu sonho tivesse sido a expressão de informações coletadas durante a vigília — foi o que Kekulé manipulou de maneira deliberada.

Para além da artimanha policial, interessa-nos saber se o pensamento criativo provém do sono de uma maneira que não esteja contaminada pelos artefatos inevitáveis das fábulas e historietas. E nosso herói do sono, Jan Born, saiu à procura disso.

- A chave foi encontrar uma maneira objetiva e precisa de medir a criatividade. Para obtê-la, Born propôs a um grupo de participantes um problema que podia ser resolvido de uma maneira lenta, mas eficaz, ou de uma maneira original e simples, mudando a perspectiva da proposição. Os participantes lidaram com esse problema durante um longo tempo. Depois, alguns dormiram e outros descansaram. Mais tarde, todos voltaram a resolver o problema. E o resultado simples, mas contundente, foi que, depois do sono, a solução criativa aparecia com probabilidade muitíssimo maior.
Ou seja, há uma parte do processo criativo que se expressa durante o sono. Ele é robusto, acontece na maioria de nós e nos permite resolver problemas sofisticados de forma muito mais efetiva.

O experimento de Jan Born nos ensina que o sono é um elemento do processo criativo, mas não o único. Apesar de certo desprestígio atual do conhecimento factual e do ofício, o lado ordenado da criatividade também é importante. O sonho — tal como outras formas de pensamento desordenado — pode ajudar no processo de indução de uma ideia original, mas somente sobre a base firme de um grande conhecimento daquilo em que se pretende ser criativo. Aí está o caso de McCartney, que havia consolidado o material sobre o qual pôde depois improvisar em sonhos. O mesmo vale para o experimento de Born. A noite é o espaço de um processo criativo somente depois de uma vigília de trabalho árduo e metódico em que se cimentam as bases para a criatividade durante o sono.*

Assim é que, em resumo, a usina do pensamento trabalha a pleno vapor no turno da noite. O sono é um estado muito rico e heterogêneo de atividade mental que nos permite entender como funciona a consciência. Há uma primeira fase em que a consciência se desvanece, mas não de qualquer modo, e sim dirigindo-se a um lugar de grande sincronização que ativa um processo de consolidação da memória. Depois há uma segunda fase que se assemelha fisiologicamente ao estado de vigília, mas gera um padrão de atividade cerebral mais desordenado. Durante esse processo se expressa um ingrediente do pensamento criativo para poder gestar novas combinações e possibilidades. Tudo isso, ademais, bem acompanhado de um relato onírico no qual podem conviver o terror, o erotismo e a confusão. O sonho em estado pleno. Mas realmente sonhamos durante o sono? Ou é somente uma das tantas ilusões do nosso cérebro?

DECIFRANDO SONHOS

Já aconteceu de alguma vez despertamos acreditando termos dormido apenas poucos segundos, quando na realidade passaram-se horas. E, ao contrário, poucos segundos de sono às vezes nos parecem uma eternidade. Durante o sono, o tempo flui de maneira estranha. Talvez essa distorção não aconteça somente com o tempo. De fato, é possível que o próprio sonho seja *somente* a ilusão de um relato construído ao despertar.

\* *A Hard Day's Night.*

Hoje podemos resolver esse mistério, observando vestígios do pensamento no cérebro e em tempo real. Assim como é possível pesquisar os pacientes vegetativos, os bebês ou o processamento subliminar a partir da atividade cerebral, podemos utilizar ferramentas semelhantes para decifrar nosso pensamento durante o sono.

Uma maneira de decodificar o pensamento a partir da atividade cerebral é dividir o córtex visual em uma grade, como se cada célula fosse um pixel no sensor de uma câmera digital. A partir disso, pode-se reconstituir o que está na mente sob a forma de imagens ou vídeos. Utilizando essa técnica, Jack Gallant pôde reconstituir um filme com uma nitidez interessante, observando *somente* a atividade cerebral daquele que assiste ao filme.

- Isso permitiu ao cientista japonês Yukiyasu Kamitani criar uma espécie de planetário onírico. Sua equipe reconstituiu a trama dos sonhos a partir da atividade cerebral de pessoas sonhando. Os pesquisadores comprovaram que as conjecturas que haviam feito a partir desses padrões de atividade cerebral coincidiam com o que os participantes, agora despertos, diziam ter sonhado.
Eram relatos do tipo: "Sonhei que estava em uma padaria. Peguei um pão e fui para a rua, onde havia uma pessoa tirando uma foto"; "Vi uma grande estátua de bronze em uma pequena colina. Mais abaixo havia casas, ruas e árvores". Cada um desses fragmentos do sonho pôde ser decodificado a partir da atividade cerebral.
Nessa demonstração decodificou-se o esqueleto conceitual do sonho, mas não suas qualidades plásticas, seus contrastes e seus brilhos. Esses elementos visuais do sonho, por enquanto, estão na cozinha experimental.

## SONHOS DIURNOS

Durante o sono, o cérebro não se desliga. Na verdade, encontra-se em um estado de grande atividade, cumprindo funções vitais para o bom funcionamento do aparelho cognitivo. Mas também enquanto trabalhamos, dirigimos um carro, falamos com alguém ou lemos, o cérebro costuma desprender-se da realidade e criar seus próprios pensamentos. É o sonho diurno, a expressão de um estado semelhante ao sonho em forma e conteúdo, mas em plena vigília.

O sonho diurno tem um correlato neuronal muito claro. Quando estamos despertos, o cérebro se organiza em duas redes funcionais que em certa medida se alternam. A primeira, que já conhecemos, inclui o córtex frontal — que funciona como a torre de controle —, o córtex parietal — que estabelece e concatena rotinas, controla o espaço, o corpo e a atenção — e o tálamo — que funciona como um centro de distribuição do trânsito. Esses nodos são o núcleo de um modo de funcionamento cerebral ativo, concentrado, focado em uma tarefa particular.

Quando o sonho invade a vigília, essa rede frontoparietal se desativa e outro grupo de estruturas cerebrais, perto do plano que separa os dois hemisférios, assume o comando. Essa rede inclui o lobo temporal medial, uma estrutura vinculada à memória, que pode ser o combustível para os sonhos diurnos. E também o cingulado posterior, que tem grande conectividade com outras regiões do cérebro e coordena o sonho diurno, tal como o faz o córtex pré-frontal quando o foco está no mundo exterior. Esse conjunto se chama rede cerebral default, um nome que reflete o modo pelo qual ela foi descoberta.

Quando se tornou possível explorar diretamente o funcionamento do cérebro humano com um aparelho de ressonância, os primeiros estudos comparavam a atividade cerebral enquanto alguém fazia algo — um cálculo mental, jogar xadrez, recordar palavras, falar, emocionar-se — com a de outro estado no qual *não se fazia nada*. Em meados dos anos 1990, Marcus Raichle descobriu que, quando uma pessoa realiza qualquer uma dessas tarefas, certas regiões são ativadas, mas também se desativam outras. Com uma ressalva importante: enquanto as regiões cerebrais que são ativadas mudam segundo o que a pessoa faz, as que se desativam são sempre as mesmas. Raichle entendeu que isso refletia dois princípios importantes: 1) não existe um estado em que nosso cérebro *não faz nada*, e 2) o estado em que o pensamento vagueia à sua própria vontade é coordenado por uma rede precisa, que ele denominou "rede default".

A estrutura da rede default do cérebro é quase diametralmente oposta à de controle executivo, refletindo uma certa antinomia entre esses dois sistemas. O cérebro desperto permanentemente se alterna entre um estado com o foco situado no mundo exterior e outro no qual os sonhos diurnos governam.

Talvez os sonhos diurnos sejam apenas tempo perdido, uma espécie de distração cerebral. Ou, quem sabe, como os sonhos noturnos, tenham uma boa razão de ser na estrutura de nossa forma de pensar, descobrir ou recordar.*

Um território fértil para estudar os sonhos diurnos é a leitura. A todos nós já aconteceu descobrir — como uma revelação, como um amanhecer — que não temos a mais vaga ideia do que lemos nas três últimas páginas. Estivemos divagando em uma história paralela que deixou de lado o conteúdo da leitura.

---

* Luis Buñuel tinha opinião formada: "Sonhar acordado é tão imprevisível, importante e poderoso quanto sonhar dormindo".

Um registro cuidadoso dos movimentos oculares mostra que, durante o sonho diurno, continuamos varrendo palavra por palavra, detendo-nos mais tempo nas palavras mais longas, gestos típicos da leitura atenta e concentrada. Ao mesmo tempo, contudo, durante o sonho diurno a atividade do córtex pré-frontal diminui e o sistema default é ativado, e isso faz com que a informação do texto que lemos não acesse os jardins privilegiados da consciência. Por essa razão voltamos atrás, com a sensação de que precisaremos ler integralmente o trecho perdido, outra vez, como se fosse a primeira leitura. Mas não é assim. Essa nova leitura se nutre da anterior entre sonhos.

Ocorre que durante o sonho diurno nós lemos com um foco diferente, como uma grande angular que permite ignorar pequenos detalhes e observar o texto de longe. Focalizamos a floresta, e não a árvore. Por isso, quem sonha durante a leitura e depois volta ao texto o compreende de maneira muito mais profunda do que quem apenas *varre* o texto de maneira concentrada. Ou seja, o sonho diurno não é o tão ansiado tempo perdido de Marcel Proust.

Contudo, há razões para acreditar que o sonho diurno tem um custo (que nada tem a ver com o tempo que levamos nele). Os sonhos facilmente resultam em pesadelos, as alucinações se transformam em *viagens ruins* e os amigos imaginários em monstros, duendes, bruxas e fantasmas. Quase todas as situações em que a mente divaga e se desprende da realidade degeneram facilmente em estados de sofrimento. Esta é uma observação para qual não tenho, e não creio que já exista, uma boa explicação. Limito-me a compartilhar uma hipótese própria: o sistema executivo, que controla o fluxo natural e espontâneo do pensamento, desenvolve-se — na história evolutiva, da cultura e de cada um de nós — para evitar que esse fluxo degenere em estados de muito sofrimento.

O psicólogo americano Dan Gilbert materializou essa ideia com um aplicativo para telefones celulares que volta e meia pergunta aos usuários: "O que você está fazendo?"; "Está pensando em quê?"; "Como se sente?". As respostas se multiplicam entre as pessoas em todos os lugares do mundo, o que permite obter uma espécie de cronologia e demografia da felicidade. Em geral, os estados de máxima felicidade correspondem a fazer sexo, conversar com amigos, o esporte, o jogo e escutar música, nessa ordem. Os de menos felicidade são o trabalho, estar em casa no computador ou em trânsito pela cidade (de metrô ou de ônibus).

Obviamente, essas são médias e não implicam, de modo algum, que trabalhar seja para todos um estado de infelicidade. Também, naturalmente, esses resultados dependem de idiossincrasias sociais e culturais. O mais interessante desse experimento social, porém, é como a felicidade muda de acordo com o que estivermos pensando. Durante um sonho diurno, quase todos nos sentimos pior do que quando a mente não vaga livremente. Isso não significa que não devamos ter sonhos diurnos, mas que simplesmente devemos compreender que eles envolvem — como tantas outras viagens — uma complicada mistura de descobertas e vaivéns emocionais.

SONHO LÚCIDO

O sonho da noite também costuma percorrer espaços dolorosos e incômodos. À diferença da imaginação, o sonho vai *aonde ele quer*, sem um governo. A outra grande diferença entre o sonho e a imaginação é sua intensidade pictórica. De um sonho vívido, intenso e colorido, mal podemos reconstruir suas ruínas.

O sonho e a imaginação se distinguem então pelo grau de vividez e controle. O sonho não tem controle, mas é vívido. A imaginação, ao contrário, é controlável, mas muito menos nítida. O sonho lúcido é uma combinação de ambos: tem a vividez e o realismo do sonho e, além disso, o controle da imaginação; ou seja, é um estado no qual somos o diretor e o roteirista de nosso próprio sonho. Levados a escolher entre todas as opções, os sonhadores lúcidos, em sua maioria, escolhem voar, talvez expressando uma frustração ancestral de nossa espécie.

Há três qualidades que permitem reconhecer o sonho lúcido: o sonhador entende que está sonhando, controla aquilo que sonha e pode dissociar o objeto e o sujeito do sonho, como se observasse a si mesmo em terceira pessoa. E mais, o sonho lúcido também tem uma assinatura cerebral própria. O eletroencefalograma durante o sono REM é semelhante ao da vigília, mas com uma diferença importante: a atividade de alta frequência no córtex frontal diminui. Justamente essa atividade de alta frequência é imperativa para o controle do sonho lúcido. De fato, quanto mais lúcido é o sonho, maior é a atividade de alta frequência no córtex pré-frontal. Podemos até inverter o argumento. Se for estimulado o cérebro de um sonhador normal em alta frequência, seu sonho se tornará lúcido. O sonhador se dissociará de seu sonho, começará a controlá-lo à vontade e entenderá que aquilo é apenas um sonho.

O futuro no qual governaremos nossos sonhos não está muito distante. Nem mesmo é necessária tanta parafernália tecnológica. Há tempos se sabe que é possível treinar a capacidade de ter sonhos lúcidos e que, com esforço, quase qualquer pessoa pode construí-los. Um modo de aproximar-se deles é através dos pesadelos, durante os quais sentimos uma necessidade natural de controlá-los. A capacidade que muitas pessoas têm de manejar o curso de seus pesadelos — incluindo o controle executivo para despertar — é um prelúdio do sonho lúcido. E, em contraposição, treinar o sonho lúcido é uma maneira de melhorar a qualidade do sono. Por isso, outro de seus traços distintivos é uma densidade mais alta de emoções positivas.

Como parte do processo de treinamento, os sonhadores lúcidos utilizam um mundo da vigília que funciona como âncora e lhes permite saber que estão no sonho, e que *do outro lado* está a realidade da vigília. É uma espécie de referência de orientação para entenderem onde estão. Como Teseu, Hansel ou o Pequeno Polegar, ou como Leonardo di Caprio em *A origem*, o sonhador lúcido deixa na vigília algum rastro que lhe servirá como farol quando o caminho do sonho se tornar sinuoso demais.

O sonho lúcido é um estado mental apaixonante porque combina o melhor dos dois mundos, a intensidade pictórica e criativa do sonho com o controle da vigília. E também é uma mina de ouro para a ciência. O prêmio Nobel Gerald Edelman, um dos grandes pensadores do cérebro, divide\* a consciência em dois estados. Um, primário, constituído por um relato vívido do presente, com acesso muito restrito ao passado e ao futuro. É a consciência. *O show de Truman* do espectador passivo, que vê ao vivo a trama de sua realidade. Esta, segundo Edelman, é a consciência de muitos animais e também a do sono REM. Uma consciência sem um piloto. Uma segunda forma de consciência, mais rica e talvez mais própria do ser humano, introduz os ingredientes necessários para que o piloto aja como tal, é abstrata e cria uma representação do pró-

---

\* O tempo de um livro é estranho. O presente do leitor é o passado de quem o escreve. Gerald Edelman morreu em maio de 2014, depois de esta página ter sido escrita e antes que fosse lida. Escolhi manter o presente a partir desta perspectiva, da construção do relato, quando as ideias de Edelman ainda eram expressadas a partir de sua própria pena, clara e provocativa até seus últimos dias.

prio indivíduo, de seu ser. Talvez o sonho lúcido seja um modelo idôneo para estudar a transição entre a consciência primária e a secundária. Estamos agora nos primeiros esboços desse fascinante mundo recém-surgido na história da ciência.

## VIAGENS DA CONSCIÊNCIA

Outro caminho ancestral para a exploração pessoal e social da consciência é o da ingestão de fármacos, plantas, ervas medicinais, café, chocolate, mate, álcool, coca, ópio ou maconha. Excitantes, psicoativos, alucinógenos, soníferos, hipnóticos. A exploração psicofarmacológica que busca associar o efeito das plantas, de seus compostos, de seus derivados e de suas versões sintéticas com estados mentais específicos tem sido um exercício comum de todas as culturas. Aqui, mergulharemos no universo da ciência de duas drogas que alteram o conteúdo e o fluxo da consciência: o cânhamo (cannabis) e as drogas alucinógenas.

## A FÁBRICA DE BEATITUDE

O cânhamo é uma planta nativa do sul asiático que já era utilizada há mais de 5 mil anos para fazer roupas, velas, cordames e papel. O uso do cânhamo como droga* também é milenar. Assim se explica o fato de que mais de 2500 anos atrás um xamã da

---

* Em espanhol, enquanto uma só palavra, "sueño", remete a muitos significados distantes — ilusão, vontade de dormir, representação onírica —, "marihuana" sofre um processo inverso, que nasce no tabu e no pudor de nomeá-la. Assim, um só significado se expressa por uma multidão de palavras: "chala", "faso", "petardo", "churro", "porro", "caño", "maría", "macoña".

região de Xinjiang, na China, tenha sido mumificado junto a uma cesta com folhas e sementes de cânhamo. Também há registros do uso dessa planta em múmias e ícones egípcios.

Em 1970, proliferou a proibição do uso recreativo e medicinal do cânhamo, e agora, mais de quarenta anos depois, a onda começou a se inverter. De fato, a legalidade de uma droga muda abruptamente em diferentes lugares e tempos, e em geral essa decisão costuma ignorar os mecanismos e pormenores de sua ação biológica. Para poder optar de maneira informada, seja em posições privadas ou públicas, é necessário conhecer de que forma diferentes drogas afetam o cérebro. Isso é particularmente relevante no caso da maconha, num momento em que sua legalização está em plena discussão.

Nos anos 1970, as três drogas ilegais mais difundidas eram a maconha, o ópio — derivado em morfina e heroína — e a cocaína. Os compostos psicoativos do ópio e da cocaína já tinham sido identificados, e também haviam sido revelados os aspectos principais de seus mecanismos de ação. Sobre a maconha, não se sabia praticamente nada. Depois de doutorar-se no Instituto Weizmann e de fazer pós-graduação na Universidade Rockefeller, o jovem químico búlgaro Raphael Mechoulam voltou a Israel repleto de honrarias e disposto a remediar essa ignorância. Cimentar a ponte entre a química, as moléculas da cannabis e a ação desta no corpo e na mente era, em si, um desafio:

> Creio que a separação entre disciplinas científicas é somente um reconhecimento de nossa limitada capacidade para entendê-las. Na natureza, a fronteira não existe.

Toda uma declaração de intenções que definiu um estilo para sua pesquisa e que, em certa medida, este livro herda.

O caminho de Mechoulam não era então — como não é agora — um caminho fácil, em grande medida por causa da ilegalidade da substância que ele pretendia estudar. Para trabalhar, o jovem teve que criar artifícios geralmente atípicos na vida de qualquer pesquisador. Em primeiro lugar, precisava conseguir o cânhamo. Aproveitando sua experiência no Exército, Mechoulam convenceu a polícia israelense a autorizar a entrada de cinco quilos de *hash* libanês, de modo a poder iniciar seu projeto de pesquisa, uma verdadeira maratona. Tratava-se, por um lado, de fragmentar quimicamente os quase cem compostos que constituem o cânhamo e, por outro, administrá-los a macacos para identificar o responsável pelo efeito psicoativo. Como não é fácil reconhecer um macaco chapado, ele utilizou o efeito sedativo como registro para determinar o potencial de um composto. E assim, em 1964, conseguiu identificar o $\Delta 1$-tetraidrocanabinol ($\Delta 1$-THC, hoje conhecido como $\Delta 9$-THC) como o principal responsável pelo efeito psicoativo da cannabis. Outros compostos muito mais frequentes na maconha, como o canabidiol, não têm efeito psicoativo. Contudo, têm efeitos fisiológicos como anti-inflamatórios ou vasodilatadores e são, de fato, o principal foco dos usos medicinais da cannabis.

   Descobrir o composto ativo de uma planta é somente o primeiro passo para poder investigar seu mecanismo de ação. O que acontece no cérebro para que se desencadeiem o apetite, o riso ou a mudança na percepção? A segunda grande descoberta de Mechoulam foi a identificação, no cérebro, de um receptor que reage especificamente ao $\Delta 9$-THC. Um receptor é um sensor molecular na superfície dos neurônios. O composto ativo da droga é como uma chave e o receptor, como uma fechadura. De todas as fechaduras do cérebro, o $\Delta 9$-THC abre somente algumas, justamente os chamados receptores canabinoides. Hoje se conhecem dois tipos: o CB1, distribuído em neurônios nas mais diversas zonas do cérebro, e o CB2, que regula o sistema imune.*

Quando uma molécula se encaixa em um receptor na superfície de um neurônio, pode produzir diferentes mudanças nesse neurônio: ativá-lo, desativá-lo, torná-lo mais sensível ou mudar a maneira pela qual ele se comunica com seus vizinhos. Isso acontece simultaneamente nos milhões de neurônios que expressam esse tipo de receptor. Em contraposição, essa molécula não faz nada aos neurônios que não têm um receptor reativo ao Δ9-THC.

O encaixe entre uma molécula e seu receptor não é perfeito. A chave às vezes falha e não abre a fechadura. Quanto melhor for o encaixe de uma molécula com seu receptor, mais efetiva e potente será a droga. Estudando a estrutura química da cannabis, Mechoulam conseguiu sintetizar um composto cem vezes mais efetivo do que o Δ9-THC. Cinco gramas desse composto produzem um efeito equivalente a dez quilos de maconha.

Por que os neurônios do cérebro humano têm um receptor específico para uma planta que cresce no sul da Ásia? É estranho que o cérebro humano tenha um mecanismo para detectar uma droga que durante séculos cresceu em lugares muito específicos do planeta. Será que, para todos os que não consomem maconha, esse sistema não exerce nenhuma função, e é como um apêndice cerebral? Esse mecanismo tão proeminente no cérebro esteve em desuso até que a maconha se tornou popular?

A resposta é não. Para todos, os que fumam e os que não fumam, o sistema canabinoide é uma peça regulatória fundamental

---

* Sabemos que existem mais receptores — que ainda não foram encontrados — porque, quando o CB1 e o CB2 são bloqueados — isto é, quando as fechaduras são cobertas —, a cannabis continua produzindo efeitos fisiológicos e cognitivos.

do cérebro. A solução para esse enigma é que o corpo manufatura sua própria versão da cannabis.

Em 1992 — a ciência, trinta anos depois da descoberta do THC, estava cozinhando em fogo lento —, produziu-se a terceira grande descoberta de um Mechoulam já mais velho mas não menos persistente: um composto endógeno que o corpo produz naturalmente e que tem o mesmo efeito da cannabis. A esse composto deu-se o nome de anandamida, por ser uma amida (composto químico) que produz *ananda*, termo que em sânscrito se refere à beatitude.

Isso quer dizer que cada um de nós, no silêncio opaco e íntimo de sua própria fisiologia, cria cannabis. A ativação dos receptores canabinoides pelo consumo de maconha é muito maior do que a produzida naturalmente pela anandamida. O mesmo acontece com quase todas as drogas. As endorfinas (opioides endógenos) que produzimos no corpo normalmente, por exemplo quando corremos, ativam os receptores opioides muitíssimo menos do que a morfina ou a heroína.

Essa distinção é indispensável. Muitas vezes, a diferença entre dois compostos não está em seus mecanismos de ação, mas na dose. Por exemplo, a ritalina e a cocaína têm exatamente o mesmo mecanismo de ação. A primeira é legal e utilizada no tratamento do déficit de atenção. Para além da discussão sobre seu possível abuso médico, está claro que a ritalina não gera sequer um mínimo da dependência que a cocaína produz. A razão dessa diferença fundamental é uma só: sua concentração.[*]

---

[*] É a fórmula de Paracelso, válida desde o século XV: entre um veneno e um medicamento, a única diferença é a dose.

## A FRONTEIRA CANÁBICA

O receptor de cannabis CB1 se expressa promiscuamente de um lado a outro do cérebro, o que o distingue dos receptores de dopamina (cocaína), que se expressam em um núcleo pontual desse órgão. O resultado é que muitos neurônios, em diferentes regiões cerebrais, mudam de função após o consumo de maconha. Hoje conhecemos em grande detalhe alguns aspectos da bioquímica da cannabis. Por exemplo, neurônios conhecidos como POMC, localizados no hipotálamo, produzem um hormônio que regula o apetite, e este, por sua vez, pode gerar diferentes hormônios, aparentemente muito similares mas com efeitos muito diferentes. Em seu estado normal, o neurônio POMC produz um hormônio que regula a saciedade e suprime o apetite. Mas, quando o receptor CB1 está ativo, opera no neurônio uma mudança estrutural que o faz produzir um hormônio diferente com o efeito contrário: estimular o apetite. A lupa bioquímica da fábrica de hormônios no cérebro explica esse efeito, conhecido por todos os fumantes de maconha: a larica, a fome voraz que não se resolve por mais que a pessoa coma.

Se, por um lado, a relação entre a maconha e o apetite é conhecida com grande detalhe, a ponte entre a bioquímica, a fisiologia e a psicologia continua sendo um mistério em termos dos efeitos cognitivos da droga. Quem fuma ou ingere maconha tem a sensação de que sua consciência muda. Como se pode fazer ciência sobre esse aspecto tão subjetivo da percepção? Não me refiro a calcular quanto recordamos ou quanto demoramos a fazer uma conta depois de fumar maconha, mas a uma pergunta muito mais introspectiva. Como o pensamento se reorganiza após o consumo de cannabis é um mistério do qual a ciência mal se ocupou.

A falta de informação científica sobre os efeitos cognitivos da maconha se deve, em primeiro lugar, à sua ilegalidade. O caminho de Mechoulam foi uma espécie de exceção nesse abismo de ignorância. Buscar um consenso na relativamente escassa literatura científica tampouco é simples. Uma busca revela rapidamente resultados contraditórios: que a maconha afeta a memória e que não afeta; que muda radicalmente a capacidade de concentração e que não a modifica em absoluto.

Não estamos acostumados a semelhante dissensão na literatura científica, mas na realidade não é algo específico desse campo. Para fazer uma analogia não farmacológica, é bom ou ruim que uma criança passe horas jogando no computador? Se um pai quiser se informar e regular conscienciosamente o acesso a essas máquinas, vai encontrar uma grande confusão. Um trabalho que reconhece os benefícios do jogo no desenvolvimento cognitivo, na atenção e na memória; outro que alerta sobre seus efeitos nocivos no desenvolvimento social; e assim por diante...

Essa dissonância tem várias explicações. A primeira é que não há uma maconha, mas muitas. Mudam as concentrações, os ingredientes — menos ou mais THC —, mas também o modo de consumi-la, as quantidades e o metabolismo do consumidor. Para dar um exemplo mais corriqueiro, é como tentar resolver de maneira unânime se comer doce faz bem ou mal. Depende de quanto açúcar eles têm, que tipo de açúcares contêm e de quem os come, se é obeso ou diabético ou se, ao contrário, está muito magro ou hipoglicêmico.

O fato de existirem estudos com conclusões tão variadas sugere que os possíveis riscos da maconha não são universais. Em contraposição, se tomarmos a literatura científica em seu conjunto, veremos que consistentemente se percebe que a maconha traz risco de indução psicótica em adolescentes ou em pessoas com antecedentes de patologias psiquiátricas, tanto no momento de fumar como tempos depois. De fato, um efeito comum do uso de drogas, não só da maconha, é que a idade inicial de consumo afeta enormemente seu potencial de dependência. Quanto mais jovem a pessoa começa a consumir, muito mais factível é que essa substância se torne viciante.

## RUMO A UMA FARMACOLOGIA POSITIVA

Há um limite frágil entre o alívio da dor e a busca de prazer, inclusive se depois a sociedade constrói uma fronteira abrupta a partir dessa sutil diferença. Costuma ser aceitável encher de drogas aquele que sente dor e proibir quem já estava *bem* de usar as mesmas drogas para se sentir melhor. Essa assimetria ocorre também na ciência, que se concentra nos efeitos nocivos da maconha e abandona por completo seus potenciais efeitos positivos.

Praticamente toda a pesquisa científica se ocupa em esclarecer se a maconha nos afasta ou não da suposta linha de normalidade. Em contraposição, é difícil encontrar trabalhos que investiguem se essa linha pode avançar para um lugar melhor. Algo semelhante acontecia na psicologia há pouco mais de trinta anos: tratava-se simplesmente de melhorar a condição de quem estava deprimido, angustiado ou assustado. Martin Seligman e outros pesquisadores mudaram o foco ao fundarem a psicologia positiva, que se ocupa de investigar como conseguir que quem está *bem* possa ficar melhor.

A ciência seria muito mais honesta se também fosse possível fazer uma farmacologia positiva. Esse caminho foi explorado na literatura com *As portas da percepção*, de Aldous Huxley, como porta-bandeira, mas foi quase ignorado pela pesquisa científica. Um possível caminho de investigação consiste em não pensar a maconha só em termos de se ela é nociva, mas sim se pode servir para viver melhor. Isso, obviamente, não indica que a maconha seja boa. O desafio passa por descobrir em que medida ela pode melhorar a vida cotidiana; por exemplo, fazendo-nos rir mais, socializar e desfrutar mais, ou ter um sexo melhor. Basicamente, trata-se de contrabalançar isso em relação aos riscos reais — que existem e, em alguns casos, são severos — para poder decidir melhor, tanto no âmbito privado quanto nas políticas do Estado.

## A CONSCIÊNCIA DE MR. X

Carl Sagan, autor de *Cosmos* e um dos mais extraordinários divulgadores da ciência, fumou maconha pela primeira vez quando já era um cientista consagrado.* Como costuma acontecer, sua primeira experiência foi um fiasco, e Sagan, cético aguerrido, esboçou todo tipo de hipóteses sobre o efeito placebo da droga. Contudo, segundo conta Mr. X — seu alter ego canábico —, depois de algumas tentativas a droga fez efeito:

> Vi a chama de uma vela e descobri no coração da chama, parado de pé com magnífica indiferença, o cavaleiro espanhol de chapéu e

---

* A relação das drogas com a profissão pode se dar de forma inversa. Um texto que alguns julgam apócrifo relata a história de Adrián Calandriaro, que, depois de compor dois discos de alto voo imaginativo, buscou resolver um longo período de infertilidade musical e se isolou com um caderno, uma lapiseira e 32 mil doses de ácido lisérgico. Calandriaro permaneceu drogado desde 14 de março de 1992 até meados de abril de 1998. Nesse período estudou odontologia, montou um consultório, casou-se, teve três filhos, um cachorro chamado Augusto e 2 milhões de dólares em uma conta no Uruguai. É feliz, mas tem um pouco de saudade da música (*Peter Capusotto*, o livro).

capa. [...] Olhar fogos estando chapado, especialmente através de um desses caleidoscópios que reflete os arredores, é uma experiência extraordinariamente comovedora e bela.

No relato de Mr. X, essa manipulação da percepção não se confunde com a realidade, exatamente como em um sonho lúcido:

> Quero explicar que em nenhum momento acreditei que essas coisas *realmente* estavam ali. Eu sabia que não havia um homem na chama. Não sinto contradição nessas experiências. Há uma parte de mim criando as percepções que na vida diária seriam bizarras; há outra parte de mim que é uma espécie de observador. Quase metade do prazer vem da parte observadora apreciando o trabalho da parte criadora.

A mudança na percepção com a maconha não é exclusiva do mundo das imagens. De fato, a modificação mais substancial provavelmente acontece na percepção auditiva.

> Pela primeira vez fui capaz de ouvir as partes separadas de uma harmonia tripartite e a riqueza do contraponto. Desde então, descobri que os músicos profissionais podem facilmente manter muitas partes separadas ocorrendo simultaneamente em sua cabeça, mas aquela era a primeira vez para mim.

Mr. X, além disso, estava convencido de que as inspirações que pareciam brilhantes durante a indução canábica eram realmente brilhantes. Sagan conta como, de fato, parte do trabalho mais laborioso e metódico que fez em sua vida foi organizar essas ideias, registrando-as e escrevendo-as — ao custo de perder muitas outras —, e que no dia seguinte, passado o efeito da maconha, as ideias não somente não haviam perdido o brilho como cimentaram grande parte de sua carreira.

- Um amigo e colega neurocientista — vamos chamá-lo Mr. Y — levou adiante um projeto informal e pessoal inspirado no relato de Carl Sagan. O experimento consistia em observar, sob o efeito da maconha, uma imagem que se desvanecia muito rapidamente. Depois ele tinha que indicar o que havia em diferentes fragmentos da imagem e a nitidez com que a recordava.
Sem fumar, só é possível recordar uma pequena fração da imagem. Reina a estreiteza da consciência. Mas, sob efeito da droga, Mr. Y acreditava recordar tudo com grande nitidez, e teve a sensação de que estava descobrindo algo extraordinário e singular. Sentia-se dentro da cabeça de Huxley, abrindo as portas da percepção.
Quando os testes acabaram, analisou ansiosa mas cuidadosamente os dados e descobriu que, sob efeito da droga, na realidade havia descoberto exatamente o mesmo que sem fumar. Nem mais nem menos. O que mudava era a paisagem subjetiva, a maneira de sentir os detalhes da imagem. Como Sagan, ele sentia certa genialidade da percepção no estado canábico, a mesma que seguramente nos faz supervalorizar a graça de uma piada ou a originalidade de uma ideia.

Esse experimento e o de Sagan coincidem em que há uma riqueza subjetiva no estado canábico, mas divergem quanto a essa riqueza ser genuína ou uma espécie de ficção mental. Distinguir entre essas duas alternativas resulta impossível porque, à diferença do resto dos experimentos narrados neste livro, elas carecem do rigor científico necessário para obter conclusões firmes. Isso, porém, não é casual, mas sim o resultado da falta de liberdade para experimentar com a cannabis de forma rigorosa e sem especulações.

- Um dos estudos mais informativos sobre como se reorganiza o cérebro em consequência do uso extenso de *cannabis* foi publicado na revista *Brain*, uma das mais prestigiosas e rigorosas da neurologia. Estudou-se a capacidade de atenção e concentração de fumantes frequentes — em média, mais de 2 mil cigarros de maconha fumados — em comparação com a de pessoas que nunca haviam fumado maconha. A atenção foi medida, nesse caso, vendo quantos pontos eles eram capazes de seguir ao mesmo tempo, sem misturá-los mentalmente e sem perder o rastro de qual era qual. Ou seja, um exercício de malabarismo mental. O resultado do estudo foi que os fumantes e os não fumantes têm uma capacidade de atenção muito parecida e resolvem o problema mais ou menos com a mesma destreza. Portanto, a primeira conclusão foi que os usuários de cannabis, em média, não perdem nem ganham capacidade de atenção e de concentração.

O mais interessante é que, apesar dessa semelhança no desempenho, a atividade cerebral dos dois grupos se revela muito diferente. Os usuários de cannabis ativam menos o córtex frontal — que regula o esforço mental — e o parietal e, em compensação, ativam mais o córtex occipital — o território do sistema visual que funciona como a lousa do cérebro. A mudança na atividade cerebral entre os que usam e os que não usam maconha — mais atividade occipital, menos frontal — se assemelha ao que observamos ao comparar a atividade cerebral de grandes enxadristas e a de novatos enquanto jogam xadrez. Os grandes enxadristas ativam mais o córtex occipital e menos o frontal, como se visualizassem as jogadas em vez de calculá-las.

Esse resultado tem duas interpretações possíveis. Uma é que os fumantes de maconha ativam menos o córtex frontal porque não precisam fazer tanto esforço para resolver o problema, como o grande enxadrista, que o soluciona com facilidade. A outra, em contraposição, é que eles têm comprometido o seu sistema de atenção e utilizam mais o córtex occipital — isto é, o sistema visual — para remediar e compensar essa falta. A diferença é sutil, mas oportuna. Bem estudada, permite separar riscos e benefícios e entender como estes se equalizam em um estado mental que não é necessariamente melhor ou pior do que o *normal*, mas sim diferente.

## O REPERTÓRIO LISÉRGICO

A ayahuasca é a poção mais célebre do mundo amazônico. É servida como um chá preparado com a mistura de duas plantas, o arbusto *Psychotria viridis* e o cipó *Banisteriopsis caapi*. Na realidade existem diferentes fórmulas, mas em todas se reúnem duas plantas com funções neurofarmacológicas complementares. O arbusto é rico em N, N-dimetiltriptamina, mais conhecida como DMT. O cipó tem um inibidor da monoaminoxidase (IMAO), uma das drogas mais utilizadas como antidepressivo.

A sinergia dessas duas drogas que constituem a ayahuasca funciona da seguinte maneira. O DMT modifica o balanço de neurotransmissores. Em situações normais, a monoaminoxidase, como o policial químico do cérebro, resolveria esse desequilíbrio. Mas aqui entra em ação o IMAO do cipó, que inibe a capacidade do cérebro de regular seu balanço de neurotransmissores. Assim, na dose utilizada pela ayahuasca, o efeito psicodélico do DMT é baixo, mas, combinado com o cipó, potencializa-se. A ayahuasca muda radicalmente a percepção e induz transformações severas dos sistemas de prazer e de motivação. Também, é claro, altera o fluxo, a organização e a ancoragem da consciência.

De todas as mudanças perceptivas que produz, as mais extraordinárias são alucinações de grande vivacidade chamadas *mirações* (visões). São construções da imaginação com muitíssima potência visual. Sob o efeito da ayahuasca, a imaginação e a visão têm a mesma resolução. Como isso se materializa no cérebro?

■ Dráulio Araújo, um físico brasileiro acostumado a percorrer selvas e pantanais, fez um experimento único que combina tradições ancestrais da região amazônica e a parafernália mais sofisticada do desenvolvimento tecnológico ocidental. Dráulio levou xamãs, especialistas no uso da poção, aos aposentos modernos e assépticos dos hospitais de Ribeirão Preto para que tomassem a droga e entrassem no aparelho de ressonância magnética para dar rédea solta às suas visões.
Esse ensaio só podia ser feito com usuários extremamente experimentados. A ayahuasca é uma droga forte e potente, e, para quem não tem um grande controle da viagem psicológica que ela produz, a experiência dentro daquele equipamento pode ser muito nociva. O caso é que ali, na intimidade do aparelho, os xamãs alucinaram e em seguida reportaram a intensidade e a vividez de suas alucinações. Depois repetiram o experimento sem o efeito da droga, quando a imaginação se expressa de maneira muito mais tênue.

Durante a percepção — quando vemos algo —, a informação vai dos olhos ao tálamo, depois ao córtex visual e dali à formação de memórias e ao córtex frontal. Com a ayahuasca, o córtex visual não se nutre dos olhos, mas do mundo interior. Assim, invertendo o fluxo da informação, são cimentadas as alucinações. Durante a alucinação psicodélica, o circuito começa no córtex pré-frontal e dali se nutre da memória para fluir na contramão até o córtex visual. A transformação química do cérebro consegue — por mecanismos que ainda não conhecemos — projetar a memória no córtex visual, como se reconstruísse a experiência sensorial que provocou essas memórias. De fato, sob o efeito da ayahuasca, o córtex visual se ativa praticamente com a mesma intensidade quando a pessoa vê algo e quando o imagina, e isso dá mais realismo à imaginação. Em contraposição, sem a droga, o córtex visual se ativa muito mais ao ver do que ao imaginar.

A ayahuasca também ativa a área 10 de Brodmann, que forma uma ponte entre o mundo exterior — o da percepção — e o mundo interior — o da imaginação —, o que explica um aspecto idiossincrático dos efeitos que produz. É comum que quem toma ayahuasca sinta que o corpo se transforma. E mais, que se sinta literalmente fora de seu próprio corpo. A fronteira entre o mundo exterior e o mundo interior se torna mais tênue e mais confusa.

O SONHO DE HOFMANN

Em 1956, Roger Heim, diretor do Museu Nacional de História Natural de Paris, dirigiu junto com Robert Wasson uma expedição a Huautla de Jiménez, no México, para identificar e coletar cogumelos utilizados nos ritos curativos e religiosos dos mazatecas. De volta a Paris, Heim entrou em contato com o químico suíço Albert Hofmann para que ele o ajudasse a identificar a química dos cogumelos sagrados. Hofmann era o candidato ideal para a tarefa. Dez anos antes, em seu laboratório, após provar acidentalmente 250 microgramas de um ácido lisérgico que havia sintetizado, ele foi para casa de bicicleta, naquela que foi a primeira viagem lisérgica na história humana.

Enquanto Hofmann descobria que a molécula mágica dos cogumelos era a psilocibina, Wasson publicava um artigo na revista *Life* intitulado "Em busca dos cogumelos mágicos", no qual narrou suas viagens ao deserto mexicano com Heim. O artigo foi um sucesso, e a psilocibina deixou de ser um objeto de culto dos mazatecas para tornar-se um ícone de massa da cultura ocidental nos anos 1960.

A cultura lisérgica viria a marcar sobretudo a Geração Beat de intelectuais e personagens ilustres como Allen Ginsberg, William S. Burroughs e Jack Kerouac, fundadores de um movimento que se propôs a mudar aspectos radicais da cultura e do pensamento humano. Timothy Leary, com seu Harvard Psilocybin Project, acompanhou a geração lisérgica comandando uma exploração científica sobre os efeitos transformadores da psilocibina.

O trio fundador da psilocibina exerceu papéis centrais na ciência, na economia, na política e na cultura. Wasson foi vice-presidente do JP Morgan; Heim foi condecorado com o título de Grande Oficial da Legião de Honra e com outros títulos dos *grandes homens* franceses; e Hofmann foi presidente da grande companhia farmacêutica Sandoz e membro do comitê do prêmio Nobel. Contudo, em algum sentido, pelo menos do ponto de vista de seu objetivo constitutivo extremamente ambicioso, a geração lisérgica foi um fracasso.

Ao ponto alto do entusiasmo de uma década de pesquisas seguiu-se uma letargia de quase meio século, na qual a psilocibina desapareceu quase por completo da exploração científica, ou pelo menos se tornou marginal. Nas últimas décadas, as curiosidades da mente foram aceitáveis se resultavam de sonhos ou de cérebros peculiares, mas a exploração farmacológica da flora e da diversidade mental se deteve quase por completo. Isso está mudando.

No laboratório de David Nutt realizam-se hoje vários tipos de experimentos sobre como se molda e se organiza a atividade cerebral durante a viagem de psilocibina. É um estado diferente daquele que se observa com a ayahuasca. As tradições ritualísticas mazatecas e amazônicas diferem nas plantas — cogumelos em vez de cipós e arbustos —, nas drogas — psilocibina em vez de DMT e IMAO —, no tipo de transformação psicológica e também na reorganização cerebral depois da ingestão da droga.

A psilocibina muda a maneira como a atividade cerebral se organiza no espaço e no tempo. O cérebro forma espontaneamente uma sequência de estados, e em cada um deles é ativado um grupo de neurônios que em seguida se desativa para dar lugar a um novo estado. Como nuvens que se movem e nas quais se forma uma figura que depois se desfaz para originar novas formas. Nessa metáfora, cada agrupamento das nuvens em uma forma definida corresponde a um estado cerebral. Essa sucessão de estados cerebrais representa o fluxo da consciência. Sob o efeito da psilocibina, o cérebro percorre um número maior de estados, como se o vento fizesse as nuvens mudarem mais rapidamente em um repertório muito mais variado de formas.

O número de estados é também um indício da consciência. Durante um estado inconsciente — o sono profundo ou a anestesia, por exemplo —, o cérebro recua para um modo muito simples, de poucos estados. Com a religação da consciência, o número de estados se amplia, e, com a indução de psilocibina, cresce ainda mais. Isso pode explicar, a partir do cérebro, por que muitas das pessoas que consomem LSD e cogumelos psicodélicos percebem uma forma de consciência expandida.

Em estado lisérgico, muitos também mencionam algo que em inglês se conhece como *trailing*, pois a realidade é percebida como uma série de imagens fixas que se arrastam, deixando uma trilha. Assim, com os cogumelos psicodélicos, as portas da percepção, além de se abrirem, se fragmentam. Levanta-se a cortina, mostrando que a realidade que percebemos como um continuum é uma mera sucessão de quadros. Aquela propriedade que Freud conjecturou nos neurônios ômega para que pudessem ao mesmo tempo persistir e mudar, tal como faz a consciência.

Durante a percepção normal, a realidade parece contínua, e não discreta — no sentido matemático do termo, isto é, feita de unidades isoladas. Mas isso é uma ilusão. O caráter descontínuo da percepção *normal* se revela sutilmente em uma corrida de automóveis. Ali se produz uma ilusão tão frequente quanto curiosa, pois as rodas do carro parecem girar ao contrário. A explicação desse fenômeno é muito conhecida no mundo do cinema e da televisão e tem a ver com a frequência de quadros fotográficos com os quais alguém relata a realidade. Imaginemos que a roda leva dezessete milissegundos para dar uma volta e que a câmera captura um quadro a cada dezesseis milissegundos. Entre um quadro e outro, a roda quase deu uma volta. É por isso que, em cada fotograma sucessivo, a roda parece haver atrasado um pouco. O extraordinário é que essa ilusão não é televisiva. Está em nosso cérebro e indica que, como no cinema, geramos quadros de maneira discreta que depois interpolamos com uma ilusão de continuidade. A percepção é sempre fragmentada, mas somente sob o efeito de uma droga como a psilocibina essa fragmentação se torna evidente. Como se víssemos a realidade tal como ela é atrás da cortina, no fundo da matriz.

## O PASSADO DA CONSCIÊNCIA

Hoje é possível submergir no sonho, na mente dos recém-nascidos e na dos pacientes vegetativos, porque temos ferramentas que nos permitem observar traços do pensamento. Mas toda essa tecnologia é inútil para investigar outro espaço misterioso do pensamento humano, a consciência de nossos antecessores. Sabemos com grande certeza que o cérebro deles era quase idêntico ao nosso. Mas em nossa pré-história não havia livros, rádio, televisão nem cidades. A vida era muito mais curta, e o foco estava dirigido para a caça e para assuntos vitais do presente. A consciência era diferente daquela da sociedade contemporânea? Em outras palavras, a consciência emerge naturalmente no desenvolvimento do cérebro, ou se forja em um meio cultural particular?

Julian Jaynes respondeu a essa pergunta originando uma das teorias mais polêmicas e debatidas da neurociência: nossos antepassados viviam essencialmente em um jardim de esquizofrênicos. A consciência, tal como a conhecemos, emerge com a cultura na história da humanidade há relativamente pouco tempo.

O argumento de Jaynes tem como base registros fósseis do pensamento: a palavra escrita. O período entre 800 a.C. e 200 a.C. marcou uma transformação radical em três grandes civilizações do mundo: chinesa, hindu e ocidental. Ao longo desses anos produziram-se as religiões e as filosofias que hoje são os pilares da cultura moderna. Estudando dois textos fundadores da civilização ocidental, a Bíblia e a saga homérica, Julian Jaynes argumentou, ademais, que durante esse período também se transformou a consciência.

Jaynes baseou seu argumento na leitura de algumas passagens. Por exemplo, os impulsivos e irrefletidos heróis da *Ilíada*, impelidos por paixões insufladas pelos deuses, abrem espaço ao astuto

Ulisses, que engana Polifemo e conduz seus homens a Cila com má consciência.

Um dos argumentos é que essa mudança resulta do aparecimento do texto. Porque permite consolidar o pensamento em um papel, em vez de confiá-lo à memória, mais volátil. Àqueles que hoje tanto refletem sobre como a internet, os tablets, os telefones e o desenfreado fluxo informativo podem mudar a maneira como pensamos e sentimos, convém recordar que a informática não é a primeira revolução material que mudou radicalmente o modo como nos expressamos, nos comunicamos e, quase com certeza, pensamos.

Jaynes propunha a tese de que as vozes interiores, que expressavam vontades divinas, foram substituídas por um diálogo interno consciente de si mesmo. A consciência, antes de Homero, vivia no presente e não reconhecia que cada um é autor de suas próprias vozes. Trata-se daquela que denominamos consciência primária e que hoje é característica da esquizofrenia ou dos sonhos (exceto os lúcidos). Com a proliferação dos textos, a consciência se transformou naquela que hoje reconhecemos. Somos autores, protagonistas e responsáveis de nossas criações mentais, que por sua vez têm a capacidade de se entrelaçar com o que conhecemos do passado e o que adivinhamos ou ansiamos quanto ao futuro.

Com Carlos Diuk, Guillermo Cecchi e Diego Slezak, propus-me a examinar a ideia de Jaynes utilizando um procedimento quantitativo para medir o caráter introspectivo de um texto. Para isso, desenvolvemos ferramentas que nos permitissem estabelecer quão próximo de um conceito determinado estava o fragmento de um texto (uma palavra, uma frase ou um parágrafo). Trata-se de contar, ao longo do texto, em que medida suas palavras refletem o conceito de introspecção. Com esse exercício de filologia quantitativa, utilizando ferramentas da computação sobre os arquivos históricos da humanidade, testamos a hipótese de Jaynes: há uma mudança na narrativa dos textos homéricos e bíblicos que reflete um discurso introspectivo. Não é possível dirimir se essa mudança reflete o filtro da linguagem escrita, da censura, das tendências e das modas narrativas, ou se, pelo contrário, ela expressa, como supõe Jaynes, a maneira de pensar de nossos antecessores. Resolver esse dilema exige ideias e ferramentas que hoje nem sequer concebemos.

## O FUTURO DA CONSCIÊNCIA: HÁ UM LIMITE NA LEITURA DO PENSAMENTO?

Hoje, Freud já não estaria no escuro. Temos ferramentas que nos permitem acessar o pensamento — consciente ou não — de um paciente vegetativo e de um bebê. E podemos investigar o conteúdo do sonho de um sonhador. Será que em pouco tempo poderemos gravar nossos sonhos e visualizá-los na vigília, como em um filme, para reproduzir tudo o que até agora se desvanece quando despertamos?

Ler o pensamento alheio decodificando estados mentais a partir de seus correspondentes padrões cerebrais é como grampear um cabo do telefone, decifrar o código e adentrar o mundo privado do outro. Essa possibilidade abre perspectivas, mas também traz perigos e riscos.* Afinal, se havia algo privado, eram nossos pensamentos. Em pouco tempo, talvez já não o sejam.

A resolução das ferramentas hoje é limitada e nos permite *somente* reconhecer algumas poucas palavras do pensamento. Em um futuro não muito distante, talvez as sensações possam ser

---

* "Nunca deixe ninguém saber o que você está pensando" (Michael Corleone).

escritas e lidas diretamente a partir do substrato biológico que as produz: o cérebro. E, quase com certeza, poderá ser observado o conteúdo mental até mesmo dos recônditos mais remotos do inconsciente.

Esse caminho não parece ter limite, como se fosse apenas uma questão de aperfeiçoar a tecnologia. Será esse o caso? Ou, ao contrário, será que há um limite estrutural na capacidade de observar o pensamento próprio e o alheio? Na natureza, tal como a conhecemos, existem limites à nossa capacidade de observação. A pessoa não pode se comunicar mais depressa do que a velocidade da luz, não importa a tecnologia. Tampouco se pode, de acordo com as leis da mecânica quântica, acessar toda a informação sobre uma partícula — nem sequer sua posição e sua velocidade — com absoluta precisão. Também não podemos entrar — ou melhor, sair — de um buraco negro. Estes não são limites conjunturais por falta de tecnologia adequada. Se a física estiver correta, esses limites são insuperáveis, para além de qualquer desenvolvimento tecnológico. Haverá um limite similar na capacidade de observar nosso próprio pensamento?

Eu e uma amiga e colega, a filósofa sueca Kathinka Evers, argumentamos que existe um limite natural à inspeção da mente humana. A aventura poderá ser extremamente enriquecedora — em alguns casos, emancipadora, como a dos pacientes vegetativos —, mas é provável que exista na capacidade de investigar o pensamento um limite intrínseco que vai além da precisão tecnológica da lupa com que o observarmos.

Há dois argumentos filosóficos que permitem supor a existência de um limite na capacidade de observar-nos. O primeiro refere que cada pensamento é único e nunca se repete. Em filosofia, essa é a distinção clássica entre tipos — ou símbolos ou ícones — e instâncias que são realizações de um tipo determinado. Alguém pode pensar duas vezes no mesmo cão, inclusive no mesmo lugar e sob a mesma luz, mas estes não deixam de ser dois pensamentos distintos. A segunda objeção filosófica provém de um argumento lógico conhecido como a Lei de Leibniz, segundo a qual um sujeito é — pelo menos em algum atributo — único, diferente de outros. Quando um observador decodifica com resolução máxima os estados mentais do outro, faz isso a partir de sua própria perspectiva, com suas próprias cores e matizes. Ou seja, a mente humana tem uma esfera irredutível de privacidade. Pode ser que, no futuro, essa esfera seja muito pequena, mas ela não pode ser desfeita. Se alguém alcançasse integralmente o conteúdo mental do outro, então seria o outro. Os dois se fundiriam. Tornar-se-iam um.

# 5. O cérebro sempre se transforma

*O que faz nosso cérebro estar menos ou mais predisposto a mudar?*

É verdade que fica muito mais difícil aprender algo — falar um novo idioma ou tocar um instrumento — quando somos adultos? Por que, para alguns, aprender música é simples, e, para outros, tão difícil? Por que aprendemos a falar naturalmente, e no entanto quase sempre temos dificuldade com a matemática? Por que às vezes aprender algumas coisas é tão árduo, e outras vezes tão simples?

Neste capítulo, entramos numa viagem à história da aprendizagem, do esforço e da virtude, às técnicas mnemônicas, à transformação drástica do cérebro quando aprendemos a ler e à disposição do cérebro para a mudança.

## A VIRTUDE, O ESQUECIMENTO, A APRENDIZAGEM E A RECORDAÇÃO

Platão conta sobre um passeio em que Sócrates e Mênon dialogam acaloradamente sobre a virtude. É possível aprendê-la? E, em caso afirmativo, como? Em pleno debate, Sócrates apresenta um argumento fenomenal: a virtude não se aprende. E mais: nada se aprende. Cada um já possui todo o conhecimento. Aprender, então, significa recordar.* Essa conjectura, tão bela e ao mesmo tempo tão ousada, foi reciclada recentemente e instalada com certa leviandade em milhares e milhares de salas de aula.

Isso é curioso. O grande mestre da antiguidade questionava a versão mais intuitiva da educação. Ensinar não é transmitir conhecimento. No máximo, o docente assiste o aluno para que este expresse e evoque um conhecimento que já lhe pertence. Esse argumento é central no pensamento socrático. De acordo com sua fábula, em cada nascimento uma das muitas almas que pululam no território dos deuses desce para se confinar no corpo que nasce. No caminho, atravessa o rio Leto, onde esquece tudo o que conhecia. Tudo começa no esquecimento. O caminho da vida, assim como o da pedagogia, é uma permanente recordação daquilo que esquecemos na travessia do Leto.

Sócrates afirma a Mênon que até o mais ignorante dos escravos deste último já conhece os mistérios da virtude e os elementos mais sofisticados da matemática e da geometria. Diante da incredulidade de Mênon, faz algo extraordinário: propõe resolver a discussão na arena dos experimentos.

## OS UNIVERSAIS DO PENSAMENTO

Mênon chamou então um de seus escravos, que se aproximou para tornar-se o protagonista inesperado do grande marco da história da educação. Sócrates desenhou na areia um quadrado

---

* Em latim, *cor-cordis* é o coração, que faz parte dos acordos, da cordura, das recordações. Em latim, então, recordar é fazer passar pelo coração. Já o *remind* inglês remete à passagem pela mente.

e iniciou uma torrente de perguntas. As respostas do escravo nos permitem observar intuições matemáticas universais. Se as obras matemáticas são um registro do que há de mais refinado e elaborado do pensamento grego, o texto de *Mênon* deixou um rastro das intuições populares, do senso comum da época.

Na primeira passagem-chave do diálogo, Sócrates pergunta: "Como posso alterar o comprimento do lado para que a área do quadrado se duplique? Pense depressa a resposta, arrisque um palpite, sem mergulhar em reflexões elaboradas". Foi provavelmente o que o escravo fez, quando respondeu: "Simplesmente tenho que duplicar o comprimento do lado". Então Sócrates desenhou na areia o novo quadrado e o escravo descobriu que este era formado por quatro quadrados idênticos ao original.

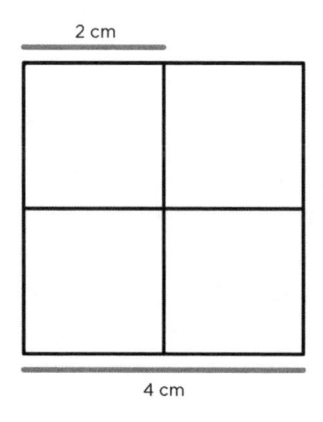

2 cm

4 cm

O escravo descobriu então que, ao duplicar o lado de um quadrado, quadruplicava-se a área deste. E assim prosseguiu o jogo, no qual Sócrates perguntava e o escravo respondia. No caminho, respondendo a partir daquilo que já conhecia, o escravo expressou os princípios geométricos que intuía. E podia descobrir ele mesmo seus erros para corrigi-los.

Já no final do diálogo, Sócrates desenhou na areia um novo quadrado cujo lado era a diagonal do quadrado original.

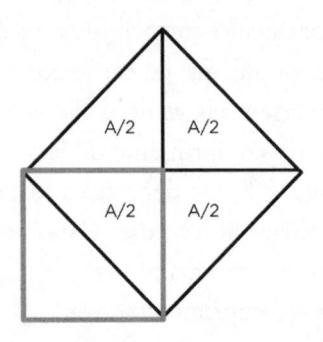

E então o escravo pôde ver claramente que o novo quadrado era formado por quatro triângulos, ao passo que o original só o era por dois.

— Concorda que este é o lado de um quadrado cuja área é o dobro da original? — perguntou Sócrates.

O escravo respondeu afirmativamente, esboçando assim o fundamento do teorema de Pitágoras,* a relação quadrática entre os lados e a diagonal.

O diálogo se conclui com o escravo descobrindo, apenas respondendo a perguntas, a base de um dos teoremas mais valiosos da cultura ocidental.

— O que acha, Mênon? O escravo deu alguma opinião que não fosse uma resposta vinda de seu próprio pensamento? — perguntou Sócrates.

— Não — respondeu Mênon.

---

* A ordem histórica é importante. Não fosse assim, falaríamos do teorema do escravo.

■ O psicólogo e educador Antonio Battro entendeu que esse diálogo era a semente de um experimento inédito, de nuances únicas, para investigar se existem intuições que persistem ao longo de séculos e milênios. Com a bióloga Andrea Goldin, lancei-me a esse empreendimento. Treinamos um ator que fazia Sócrates e descobrimos que as respostas atuais de crianças, adolescentes e adultos para um problema colocado há 2500 anos eram quase idênticas. Nós nos parecemos muito com os gregos,* acertamos nos mesmos lugares e cometemos os mesmos erros. Isso demonstra que há formas de raciocínio tão arraigadas que viajam no tempo, atravessando culturas sem muitas mudanças.

Não importa — aqui — se o diálogo socrático aconteceu ou não. Talvez tenha sido uma mera simulação mental de Sócrates ou de Platão. Contudo, nós demonstramos que é plausível que o diálogo tenha acontecido tal como está escrito. Seja como for, defrontadas com as mesmas perguntas, as pessoas respondem — milênios depois — tal como o fez o escravo.

Examinar essa hipótese era a minha motivação para fazer esse experimento. Para Andrea, em contraposição, era outra, muito diferente. Seu forte desejo por encontrar a pertinência educativa da ciência — virtude que fui aprendendo ao seu lado — a levava a formular estas perguntas: o diálogo é realmente tão efetivo quanto se presume? Responder a perguntas é uma boa maneira de aprender?

---

* Basta ver o filme *Troia* para comprovar a extraordinária semelhança entre Aquiles e Brad Pitt.

## A ILUSÃO DA DESCOBERTA

■ Andrea propôs, uma vez terminado o diálogo, mostrar ao aluno um quadrado de outra cor e de outro tamanho e pedir-lhe que o usasse para gerar um novo quadrado com o dobro da área. Achei que a prova era fácil demais, não podia ser exatamente igual àquilo que havia se ensinado. E sugeri então que examinássemos o aprendido de um modo mais exigente. Eles poderiam estender essa regra a novas formas, a um triângulo, por exemplo? Poderiam gerar um quadrado cuja área fosse a metade — em vez do dobro — do quadrado original?
Andrea se manteve em sua postura, por sorte. Como havia suposto, uma grande quantidade dos participantes — quase a metade, de fato — errou na prova mais simples. Não conseguiam replicar aquilo mesmo que acreditavam ter aprendido. O que havia acontecido?

A primeira chave desse mistério já apareceu neste livro: o cérebro, em muitos casos, dispõe de informação que não pode expressar ou evocar de maneira explícita. É como ter algo na ponta da língua. Então, a primeira possibilidade é que essa informação seja efetivamente adquirida ao longo do diálogo, mas não de uma maneira que possa ser utilizada e expressada.
Um exemplo da vida cotidiana pode nos ajudar a entender os mecanismos que estão em jogo. Uma pessoa viaja de automóvel muitas vezes, sempre para o mesmo destino, no lugar do carona. Um dia tem que assumir o volante para percorrer o caminho que observou mil vezes e descobre que não sabe em que direção seguir. Não significa que não tenha visto o caminho, nem sequer que não tenha prestado atenção nele. Há um processo de consolidação do conhecimento que necessita da práxis. Esse argumento é central

em todo o problema da aprendizagem: uma coisa é a assimilação de conhecimento per se e outra, a assimilação para poder expressá-lo. Um segundo exemplo é a aprendizagem de destrezas técnicas, como tocar violão. Observamos o professor, vemos claramente como ele articula os dedos para formar um acorde, mas, quando chega a nossa vez, é-nos impossível executá-lo.

A análise do diálogo socrático demonstra que a prática extensa, assim como é necessária para a aprendizagem de procedimentos (aprender a tocar um instrumento, a ler ou a andar de bicicleta), também o é para a aprendizagem conceitual. Mas existe uma diferença vital. Na aprendizagem de um instrumento, reconhecemos imediatamente que não basta *ver para aprender*. Em contraposição, na aprendizagem conceitual, tanto o docente como o aluno sentem que um argumento bem esboçado é incorporado sem dificuldades. Isso é uma ilusão. Para aprender conceitos, assim como para aprender a escrever em um teclado, é necessário um exercício meticuloso.

A indagação do diálogo de Mênon nos serve para revelar uma espécie de fiasco da pedagogia. O processo socrático se mostra muito gratificante para o mestre. O retorno que ele tem do aluno faz pensar em um grande êxito. Mas, quando se põe à prova se a aula funcionou ou não, o resultado nem sempre parece tão promissor. Minha hipótese é de que esse processo educativo às vezes falha por duas razões: a falta de prática e de exercitação do conhecimento adquirido e o desvio do foco da atenção, que não deveria estar nos pequenos fragmentos já conhecidos, mas sim em como combiná-los para produzir novo saber. O primeiro argumento já o esboçamos, e o aprofundaremos nas páginas seguintes. O segundo tem um exemplo conciso na prática educacional.

Para além dos fatores sociais, econômicos e demográficos — inegavelmente decisivos —, há países nos quais o ensino da matemática funciona melhor do que em outros. Por exemplo, na China aprende-se mais do que o esperado — de acordo com o PIB e outras variáveis socioeconômicas — e nos Estados Unidos, menos. O que explica essa diferença?

Nos Estados Unidos, para ensinar a resolver 173 × 75, o professor costuma perguntar às crianças coisas que elas já conhecem: "Quanto é 5 × 3?". E todos, em uníssono, respondem: "15". "E quanto é 5 × 7?". E todos dizem: "35". É gratificante porque a turma inteira responde corretamente às perguntas. Mas a armadilha reside em que não foi ensinada às crianças a única coisa que elas não sabiam: o caminho. Por que começar por 5 × 3 e depois fazer 5 × 7, e não o contrário? Como se combina essa informação e como se estabelece um plano de rota para poder resolver os passos da conta complexa 173 × 75? Esse é o mesmo erro do diálogo socrático. O escravo de Mênon provavelmente nunca teria desenhado a diagonal por si mesmo. O grande segredo para resolver esse problema não está em perceber, uma vez desenhada a diagonal, como contar os quatro triângulos. A chave está em como fazer para que nos ocorra que a solução requeria pensar na diagonal. O erro pedagógico é levar a atenção aos fragmentos do problema que já estavam resolvidos.

Na China, em contraposição, para os alunos aprenderem a multiplicar 173 × 75, a professora pergunta: "Como vocês acham que isso se resolve? Por onde começamos?". Dessa forma, primeiro ela os tira da zona de conforto, indaga algo que eles não conhecem. Segundo, leva-os ao esforço e, eventualmente, a se equivocarem. Os dois métodos de ensino coincidem em construir sobre perguntas. Mas um indaga sobre os fragmentos já conhecidos e o outro, sobre o caminho que une os fragmentos.

## ANDAIMES DA APRENDIZAGEM

Em nossa investigação sobre as respostas contemporâneas ao diálogo de Mênon, descobrimos algo estranho. Aqueles que seguiam rigorosamente o diálogo aprendiam menos. Em contraposição, os que saltavam perguntas aprendiam mais. O estranho é que mais ensino — mais percurso ao longo do diálogo — resulte em menos aprendizagem. Como se resolve esse enigma?

Encontramos a resposta em um programa de pesquisa desenvolvido pela psicóloga e educadora Danielle McNamara para decifrar o que determina se um texto é compreensível ou não. Seu projeto, de uma influência gigantesca no plano acadêmico e na prática educativa, mostra que as variáveis mais pertinentes não são as que a pessoa intui, como a atenção, a inteligência ou o esmero. O mais decisivo, em vez disso, é o que o leitor já sabia sobre o tema antes de começar.

Isso nos levou a um raciocínio muito diferente daquele que qualquer um de nós esboçaria naturalmente na sala de aula: a aprendizagem não falha por distração ou falta de atenção. Pelo contrário, quem não tem de antemão os recursos para esboçar por si mesmo o caminho da solução pode seguir cada parte do diálogo com muitíssima concentração, mas a atenção estará em cada passo, estará na árvore e não na floresta. Andrea e eu esboçamos, então, uma hipótese que parece paradoxal: os mais atentos são os que menos aprendem. Para examiná-la fizemos um experimento pioneiro, o primeiro registro simultâneo da atividade cerebral enquanto uma pessoa ensina e outra aprende.

Os resultados foram categóricos e conclusivos. Aqueles que menos aprendiam ativavam mais o córtex pré-frontal, isto é, esforçavam-se mais. A tal ponto que, medindo a atividade cerebral durante o diálogo, podíamos prever se depois um aluno iria passar no exame. Assim pudemos demonstrar que, efetivamente, os que mais prestam atenção aprendem menos.

Essa conclusão é robusta, mas convém encará-la com cuidado. Sem dúvida, nem sempre é certo que mais atenção implica aprender menos. Para igual conhecimento prévio, mais atenção é melhor. Mas, neste diálogo — como em tantos outros na escola —, ocorre que o esforço está inversamente relacionado com o conhecimento prévio. Quem tem menos conhecimento segue o diálogo passo a passo, em detalhe. Em contraposição, aquele que pode saltar porções inteiras é porque já conhece muitos dos fragmentos. Só se aprende bem o caminho quando se pode percorrê-lo sem necessidade de atentar para cada passo.

Essa ideia tem um vínculo estreito com o conceito de *zona de desenvolvimento proximal* introduzido pelo grande psicólogo russo Liev Vigótski e que tantas marcas deixou na pedagogia. Vigótski argumentou que é preciso haver uma distância razoável entre o que o aluno pode fazer por si só e o que um mentor lhe exige. No final deste capítulo revisitaremos essa ideia ao vermos como se pode reduzir a brecha entre docentes e alunos, se as próprias crianças atuarem como mentores. Agora, porém, entraremos em cheio na outra janela que se abre na análise minuciosa do diálogo socrático: a aprendizagem, o esforço e o abandono da zona de conforto.

## O ESFORÇO E O TALENTO

Intuímos que os poucos que chegam a tocar guitarra como Prince* conseguem isso por uma certa mescla de fatores bio-

---

* Por exemplo, Prince.

lógicos e sociais. Mas esse conceito tão geral deveria ser esmiuçado para entendermos como esses elementos interagem e, sobretudo, como utilizar esse conhecimento para aprender e ensinar melhor.

Uma ideia muito arraigada é que o fator genético condiciona o máximo de destreza que cada um pode alcançar. Ou seja, qualquer pessoa pode aprender música ou futebol até certo nível, mas somente alguns virtuoses podem chegar até onde chegam João Gilberto* ou Lionel Messi. Os grandes talentos nascem, não se fazem. Foram tocados por uma varinha mágica, têm um *dom*.

Essa ideia tão própria do senso comum foi cunhada e esboçada por Francis Galton: a trajetória educacional é parecida para todos, mas o topo depende de uma predisposição biológica. O exemplo mais claro aparece quando a predisposição corresponde a um traço corporal. Por exemplo, para ser um jogador de basquete de altíssimo nível, convém ser alto. É difícil ser um grande tenor sem ter nascido com um aparelho vocal adequado.

A ideia de Galton é simples e intuitiva, mas não coincide com a realidade. Ao investigar minuciosamente a aprendizagem dos grandes talentos, evitando a tentação de tirar conclusões gerais, típicas de fábulas e mitos, constata-se que as duas premissas do argumento de Galton não se sustentam. O limite superior da aprendizagem não é tão genético assim, nem o caminho para o limite superior, tão pouco genético. A genética está nas duas partes, e em nenhuma é absolutamente decisiva.

---

* Em "Pra ninguém", Caetano Veloso enumera os fragmentos de música que mais o comovem. E depois diz: "Melhor do que isso só mesmo o silêncio. E melhor do que o silêncio só João".

## AS FORMAS DA APRENDIZAGEM

O grande neurologista Larry Squire esboçou uma taxonomia que divide a aprendizagem em duas grandes categorias. A aprendizagem *declarativa* é consciente e pode ser contada em palavras. Um exemplo paradigmático é aprender as regras de um jogo: uma vez aprendidas as instruções, pode-se ensiná-las (declará-las) a um novo jogador. A aprendizagem *não declarativa* inclui destrezas e hábitos que costumam ser obtidos de maneira inconsciente. São formas do conhecimento que dificilmente podem tornar-se explícitas em uma linguagem que permita explicá-las a outra pessoa.

As formas mais implícitas da aprendizagem são, de fato, tão inconscientes que nem sequer reconhecemos que havia algo a aprender. Por exemplo, aprender a ver. Conseguimos identificar facilmente que um rosto expressa uma emoção, mas somos incapazes de *declarar* esse conhecimento para fazer máquinas capazes de emular esse processo. O mesmo acontece quando se aprende a caminhar ou a manter o equilíbrio. Essas faculdades estão a tal ponto incorporadas que parecem ter estado sempre ali, que nunca as aprendemos.*

Essas duas categorias são úteis para explorar o vasto espaço da aprendizagem. Contudo, é igualmente importante entender que elas são indefectivelmente abstrações e exageros; quase todas as aprendizagens da vida real têm algo de declarativo e algo de implícito.

---

* A inversão dessa naturalidade do olhar tem força poética. Eduardo Galeano escreveu: "E foi tanta a imensidão do mar, tanto o seu fulgor, que o menino ficou mudo de formosura. E quando por fim conseguiu falar, tremendo, tartamudeando, pediu ao seu pai: 'Ajude-me a olhar!'".

Costuma-se considerar que a aprendizagem implícita é obtida trabalhando e trabalhando, e a declarativa mediante uma só explicação clara e concisa. Antes, ao revisar o diálogo *Mênon*, vimos que essa distinção é muito mais confusa e menos nítida do que se pressupõe. E, da mesma maneira, a aprendizagem implícita tem algo de declarativa. Aprender a andar é basicamente implícito. Contudo, há muitos aspectos da marcha que podem ser controlados de maneira consciente. O mesmo ocorre com a respiração, fundamentalmente um processo inconsciente. É razoável que seja assim. Não parece sensato delegar, ao distraído arbítrio de cada um, algo cujo esquecimento seria fatal. Mas, até certo ponto, podemos controlar a respiração de maneira consciente: seu ritmo, seu volume, seu fluxo. É interessante que a respiração, justamente entre o consciente e o inconsciente, seja de fato uma espécie de ponte universal de práticas meditativas e outros exercícios para aprender a dirigir a consciência a novos lugares.

Estabelecer essa ponte entre o implícito e o declarativo constitui, como veremos, uma variável decisiva para todas as formas de aprendizagem. Comecemos agora com um conceito fundamental para entender até onde podemos melhorar. Trata-se do *umbral o.k.*, o umbral onde tudo está bem.

O UMBRAL O.K.

Quem aprende a escrever no teclado o faz inicialmente olhando e buscando com o olhar cada letra, com grande esforço e concentração. Como o escravo de Mênon, presta atenção em cada passo. Tempos depois, contudo, parece que os dedos adquiriram vida própria. Enquanto escrevemos, o cérebro está em outro lugar, refletindo sobre o texto, falando com outra pessoa ou devaneando.

O curioso é que, uma vez alcançado esse nível, já não nos aperfeiçoamos, mesmo escrevendo horas e horas. Significa que a curva de aprendizagem cresce até um valor no qual se estabiliza. A maioria das pessoas alcança velocidades próximas de sessenta palavras por minuto. Mas esse valor, evidentemente, não é o mesmo para todos: o recorde mundial pertence a Stella Pajunas, que conseguiu teclar no extraordinário ritmo de 216 palavras por minuto.

Isso parece confirmar o argumento de Galton, o qual sustentava que cada um chega ao seu próprio teto constitutivo. Contudo, fazendo exercícios metódicos e esforçados para aumentar a velocidade, qualquer um pode melhorar substancialmente. O que acontece é que nos detemos muito longe do rendimento máximo, em um ponto no qual nos beneficiamos do aprendido mas não geramos mais aprendizagem, uma zona de conforto na qual encontramos um equilíbrio tácito entre o desejo de melhorar e o esforço que isso requer. A esse ponto denomina-se *umbral o.k.*

## A HISTÓRIA DA VIRTUDE HUMANA

Aquilo que exemplificamos com a velocidade para teclar acontece com quase tudo o que aprendemos na vida. Um exemplo, pelo qual quase todos nós passamos, é a leitura. Depois de anos de intenso empenho escolar, muitos conseguem ler rapidamente e com pouco esforço. A partir daí, lemos livros e mais livros. Somos usuários dessa aprendizagem sem aumentar a velocidade da leitura. Qualquer um de nós, contudo, se passasse de novo por um processo metódico e esforçado, poderia incrementar significativamente a velocidade sem perder a compreensão pelo caminho.

A trama da aprendizagem no ciclo da vida de uma pessoa se replica na história da cultura. No início do século XX, alguns atletas realizaram a extraordinária façanha de correr uma maratona em menos de duas horas e meia. Hoje, esse tempo não é suficiente para classificar um atleta para as Olimpíadas. Isso não é exclusividade do esporte, claro. Algumas composições de Tchaikóvski eram tecnicamente tão difíceis que em sua época não foram interpretadas. Os violinistas daquele momento pensavam que era impossível executá-las. Hoje, elas continuam sendo desafiadoras, mas estão ao alcance de muitos intérpretes.

Por que, agora, realizamos proezas que, anos atrás, eram impossíveis? Será, como sugere a hipótese de Galton, que mudamos nossa constituição, temos outros genes? Claro que não. A genética da humanidade, nestes setenta anos, é essencialmente a mesma. Então, será porque a tecnologia mudou radicalmente? A resposta também é não. Talvez isso seja válido como argumento para algumas disciplinas, mas um maratonista com sapatilhas de cem anos atrás — e mesmo sem elas — pode hoje conseguir tempos que eram antes impossíveis. De igual modo, hoje um violinista pode executar as obras de Tchaikóvski com instrumentos daquela época.

Esta é uma estocada definitiva no argumento de Galton. O limite do desempenho humano não é genético. Um violinista consegue hoje tocar aquelas obras porque pode lhes dedicar mais horas, porque desloca o ponto no qual sente que a meta está cumprida e porque dispõe de melhores procedimentos. Uma boa notícia: isso significa que podemos construir sobre esses exemplos para levar a destreza a lugares que nos pareciam inconcebíveis.

## GARRA E TALENTO: OS DOIS ERROS DE GALTON

Quando avaliamos um atleta, costumamos separar a garra e o talento, como se se tratasse de dois substratos distintos. Há os

Roger Federer — e os Maradona —, que têm talento, e os Rafael Nadal — e os Maradona —, que empenham corpo e alma. A admiração pelo talentoso não é empática. Trata-se de um respeito distanciado que denota a admiração por essa espécie de dom, de privilégio divino. A garra, em contraposição, nos parece mais humana porque está associada à vontade e à sensação de que todos podemos alcançá-la. Esta é a intuição de Galton; o dom, o teto estabelecido pelo talento, é constitutivo; e a garra, o caminho para progredir no emaranhado da aprendizagem, está disponível para todos. As duas conjecturas estão equivocadas.

De fato, a capacidade de *empenhar a alma* talvez seja um dos elementos mais determinados pela constituição genética. Isso não quer dizer que ela não seja modificável, mas somente que se trata de um traço muito mais resistente à mudança. Os treinadores sabem que existem alguns elementos, como a resistência física, muito fáceis de modificar. Outros, como a velocidade, mudam em um nível muito menor e com muito mais trabalho. A garra e, em geral, o temperamento se parecem muito mais com a velocidade do que com a resistência.

Temperamento é um termo vasto que define traços da personalidade, entre os quais se incluem a emotividade e a sensibilidade, a sociabilidade, a persistência e o foco. Em meados do século XX, a psiquiatra infantil nova-iorquina Stella Chess e seu marido, Alexander Thomas, iniciaram um estudo muito amplo que viria a ser um marco na ciência da personalidade. Como em um filme de Richard Linklater, eles seguiram minuciosamente o percurso de centenas de crianças de diferentes famílias, desde o dia em que nasceram até a idade adulta, e mediram nelas nove traços de temperamento:

1) O nível e o tônus da atividade.

2) O grau de regularidade nas refeições, no sono e na vigília.
3) A disposição para o novo.
4) A adaptabilidade a mudanças no ambiente.
5) A sensibilidade.
6) A intensidade e o nível de energia das respostas.
7) O estado de espírito — alegre, propenso a chorar, agradável, mal-humorado ou amistoso.
8) O grau de distração.
9) A persistência.

Constataram que esses traços, embora não fossem imutáveis, ao menos persistiam significativamente ao longo do desenvolvimento. E mais, expressavam-se de maneira precisa nos primeiros dias de vida. Nos últimos cinquenta anos, o estudo fundacional de Chess e Thomas continuou, com uma infinidade de variações. A conclusão é sempre a mesma: uma porção significativa da variância — entre 20% e 60% — de temperamento se explica pelo pacote de genes que carregamos.

Se os genes explicam *grosso modo* metade de nosso temperamento, a outra metade é explicada pelo ambiente e pelo caldo social nos quais uma criança se desenvolve. Mas quais elementos específicos do ambiente? De quase todas as variáveis cognitivas, o fator mais decisivo é o lar em que uma criança cresce. Por isso os irmãos se parecem: não só porque carregam genes semelhantes, mas também porque, além disso, se formam no mesmo terreno de jogo. O temperamento é uma exceção. Diferentes estudos sobre adoções e gêmeos mostram que o lar contribui muito pouco para o desenvolvimento do temperamento. A observação é contundente, mas não é intuitiva.

Um exemplo conciso pode ajudar a resolver essa tensão. Entre os traços constitutivos do temperamento está a predisposição a compartilhar. Em uma versão infantil de um jogo econômico, estudou-se a predisposição das crianças a optar: ficar com dois brinquedos ou reparti-los equitativamente com um amigo. Em diversas culturas, distintos continentes e diferentes estratos socioeconômicos, repete-se um resultado extraordinário: o irmão mais novo costuma estar menos predisposto a compartilhar. Em retrospectiva, parece natural: o pequeno se forjou na escola de "quem não chora não mama". Quando pega algo, guarda-o para si, nessa selva de predadores mais velhos. Qualquer progenitor que tenha mais de um filho reconhece que a ansiedade, a fragilidade e sobretudo o desconhecimento em que criamos um primeiro filho não se repetem. Daí que o temperamento não se constitua no lar, mas em outras quadras esportivas da vida.

Em resumo, embora pareça depender da vontade, da tenacidade e da persistência — isto é, ser Nadal —, o temperamento está fortemente ligado à constituição biológica. Há um sistema de motivação fundamental no devir da aprendizagem, só parcialmente modificável por nossa vontade.

Agora, cabe-nos derrubar o mito contrário. O que percebemos como talento não é um dom inato, mas, quase sempre, fruto do trabalho. Tomemos um caso paradigmático para defender o argumento: o ouvido absoluto, a habilidade de reconhecer uma nota musical sem nenhuma referência. Na lista de célebres virtuoses estão Mozart, Beethoven e Charly García. O ouvido absoluto é um dos casos mais difundidos do dom.[*] Seriam os X-Men da música, agraciados com algum pacote genético que lhes dá essa virtude tão insólita. Mais uma vez: bonito, mas não verdadeiro. Ou melhor: mito.

---

[*] O *Quixote* é outro.

O ouvido absoluto é treinável, e qualquer um pode obtê-lo. A maioria das crianças tem um ouvido *quase* absoluto. A questão é que, quando não exercitado, ele se atrofia. De fato, as crianças que começam cedo no conservatório musical têm uma incidência muito alta de ouvido absoluto. De novo: não é gênio, mas trabalho. Diana Deutsch, uma das melhores pesquisadoras na ponte entre cérebro e música, fez uma descoberta extraordinária: as pessoas que vivem na China e no Vietnã têm muito mais predisposição ao ouvido absoluto. Qual é a origem dessa estranheza? É que no chinês mandarim e no cantonês, e também em vietnamita, as palavras mudam de significado segundo o tom. Assim, por exemplo, em mandarim o som "ma" pronunciado em diferentes tons significa mãe ou cavalo; e, como se já não fosse suficientemente confuso, também significa maconha. Isso quer dizer que o tom tem um valor absoluto — tanto quanto a nota fá é diferente de ré ou de sol — e que aprender essa relação entre um tom específico e o significado que ele representa tem uma grande motivação na China — para distinguir mãe de cavalo, por exemplo —, mas não em quase nenhum outro lugar do mundo. Por conseguinte, a motivação e a pressão que a linguagem impõe se estendem à música em algo que acaba sendo muito menos sofisticado e menos revelador de genes e gênios do que o que parece.

## A CENOURA FLUORESCENTE

Enquanto fazia meu doutorado em Nova York, me entretive com um grupo de amigos praticando um jogo absurdo. Tratava-se de controlar a temperatura da ponta do dedo. Não era a virtude mais esplendorosa do mundo, mas demonstrava um princípio importante: podíamos regular à vontade aspectos da fisiologia que pareciam inacessíveis. Éramos, na fantasia daquele momento, alunos de Charles Xavier na escola de jovens talentos.

Com um termômetro na ponta do dedo, eu observava que a temperatura flutuava entre 31 e 36 graus. Então me propunha aumentá-la. Às vezes isso acontecia, outras não. Essas variações eram espontâneas e aleatórias, e portanto eu não podia controlá-las. Contudo, depois de dois ou três dias de prática, aconteceu algo assombroso. Consegui manejar o termômetro à vontade, embora de maneira um tanto imprecisa. Dois dias depois, o controle era perfeito. Só de pensar nisso, eu controlava a temperatura na ponta do dedo. Qualquer pessoa pode fazê-lo. Torna-se um pouco misteriosa essa aprendizagem, porque não é declarativa. É provável que eu tenha aprendido a relaxar a mão, com isso mudar o fluxo sanguíneo e assim controlar a temperatura. Mas não conseguia e não consigo explicar precisamente com palavras o que foi que eu aprendi.

Esse jogo inocente revela um conceito fundamental para muitas das aprendizagens do cérebro. Por exemplo, um bebê se propõe como objetivo alcançar algo, mas não consegue fazê-lo porque os circuitos motores neuronais ainda não estão conectados com os músculos de seu braço. Então ele ensaia, sem nenhum registro consciente, um grande repertório de comandos neuronais. Alguns, por casualidade, se revelam efetivos. Este é o primeiro ponto-chave: para selecionar os comandos eficazes devem-se visualizar suas consequências.

É o estágio equivalente ao controle impreciso da temperatura do dedo com dois dias de prática. Depois esse mecanismo se refina e já não se ensaiam todos os comandos neuronais. Para aqueles que foram selecionados, o cérebro gera uma expectativa de êxito, o que nos permite simular as consequências de nossas ações sem ter que executá-las, como o jogador de futebol que não corre atrás da bola porque sabe que não a alcançará.

E aí está o segundo ponto-chave da aprendizagem conhecida como o erro de previsão, que vimos no segundo capítulo. O cérebro calcula a diferença entre o esperado e o que de fato se consegue. Esse algoritmo permite refinar o programa motor e, com isso, obter um controle muito mais sutil das ações. Assim aprendemos a jogar tênis ou a tocar um instrumento. Tão eficaz é esse mecanismo de aprendizagem que se tornou moeda corrente no mundo dos autômatos e da inteligência artificial. Um drone literalmente aprende a voar, ou um robô a jogar pingue-pongue, utilizando esse procedimento tão simples quanto efetivo.

De igual modo, também podemos aprender a controlar com o pensamento todo tipo de dispositivos. Em um futuro não muito distante, a projeção desse princípio vai gerar um marco na história da humanidade. Já não será necessário o corpo para atuar como intermediário. Bastará querer chamar alguém para que um dispositivo decodifique o gesto e o execute sem mãos ou vozes, sem o corpo como mediador. Da mesma maneira, poderemos estender a paisagem sensorial. O olho humano não é sensível às cores para além do violeta, mas não há nenhum limite essencial para isso. As abelhas, por exemplo, enxergam nesse nível. Os morcegos e os golfinhos também escutam sons que para nós são inaudíveis. Nada impede que conectemos sensores eletrônicos capazes de detectar essa vasta porção do universo que hoje é opaca aos nossos sentidos. Também poderemos nos impregnar de novos sentidos. Aprender, por exemplo, a usar uma bússola diretamente conectada ao cérebro para *sentir* o norte, tal como hoje sentimos o frio. O mecanismo para conseguir isso é essencialmente o mesmo que descrevi para o jogo inócuo da temperatura do dedo. Só muda a tecnologia.

Esse procedimento de aprendizagem necessita imperativamente poder visualizar as consequências de cada instrução neuronal. Portanto, aumentando o nível de coisas que visualizamos, conseguimos também ampliar aquelas que aprendemos a controlar. Não só de dispositivos externos como também do mundo interno, de nosso próprio corpo.

Manejar à vontade a temperatura na ponta do dedo é sem dúvida um exemplo insignificante desse princípio, mas estabelece um precedente extraordinário. Será que poderemos treinar o cérebro para que controle aspectos de nosso corpo que parecem completamente alheios à consciência e à esfera da vontade? Que tal se pudéssemos visualizar o estado do sistema imune? Que tal se pudéssemos visualizar os estados de euforia, de felicidade ou de amor?

Ouso supor que poderemos melhorar a saúde quando conseguirmos visualizar aspectos de nossa fisiologia que hoje nos são invisíveis. Isso já acontece em domínios muito pontuais. Por exemplo, atualmente é possível visualizar o padrão de atividade cerebral que corresponde a um estado de dor crônica e, a partir dessa visualização, controlá-la e reduzi-la. Talvez esse procedimento chegue muito mais longe, e consigamos regular nosso sistema de defesa para superar enfermidades que pareciam insuperáveis. Há um lugar fértil para onde dirigir a investigação a fim de que o mecanismo das curas, que hoje parecem miraculosas, seja visualizado e, com isso, possa ser padronizado.

## OS GÊNIOS DO FUTURO

O mito do talento genético se fundamenta em raridades e exceções, em fotos e histórias que mostram gênios precoces, com suas faces cândidas de crianças, lado a lado com figurões da elite mundial. Os psicólogos William Chase e Herbert Simon demoliram esse mito ao investigar com lupa apurada a progressão dos grandes gênios do xadrez. Nenhum alcançava um nível altíssimo de destreza sem antes haver completado umas 10 mil horas de treinamento. O que se percebia como genialidade precoce era, na realidade, um treinamento intensivo desde a infância.

O círculo vicioso funciona mais ou menos assim: os pais do pequeno X se convencem, por algum evento fortuito, de que seu filho é virtuose para o violino (não foi sem motivo que o chamaram X), dão-lhe confiança e motivação para praticar e, com isso, X se aperfeiçoa muito, tanto que parece talentoso.\* Supor talento em alguém é uma maneira eficaz de conseguir que essa pessoa o tenha. Parece uma profecia autocumprida. Mas é bastante mais sutil do que a mera configuração psicológica de "eu acredito nisso, por conseguinte o sou". A profecia produz uma cascata de processos que catalisam o aspecto mais difícil da aprendizagem: aguentar o tédio do esforço da prática deliberada.

Tudo isso se choca com as exceções mais excepcionais. O que fazemos com o que parece óbvio? Por exemplo, que Messi já era um gênio indiscutível da bola desde sua tenra infância. Como acomodamos a análise minuciosa do desenvolvimento dos talentos com o que a intuição nos dita?

Em primeiro lugar, o argumento do esforço não nega que exista certa condição constitutiva.\*\* Além disso, porém, acreditar que aos oito anos ele não era um talento é o princípio do erro.

---

\* À medida que se aperfeiçoa e dedica sua energia ao violino, ele se despreocupa de outras atividades. Abandona o futebol, por exemplo, no qual é tratado como um X qualquer.
\*\* Como Manu Ginóbili, com aquela altura, para o basquete, ou como X, com esse nome, para o violino.

Messi, nessa idade, já dominava mais o futebol do que a maioria das pessoas do planeta. A segunda consideração é que existem centenas — milhares — de meninos que fazem coisas extraordinárias com a bola. Nenhum deles, ou melhor, somente um, chegou a ser Messi. O erro está em pressupor que é possível prever quais meninos serão os gênios do futuro. O psicólogo Anders Ericsson, seguindo minuciosamente a formação de virtuoses de diferentes disciplinas, mostrou que é quase impossível prever o limite máximo a partir do desempenho nos primeiros passos. Esta última estocada em quase toda a nossa intuição sobre o talento e o esforço mostra-se muito reveladora.

O especialista e o novato utilizam sistemas de resolução e circuitos cerebrais completamente diferentes, como veremos. Para aprender a fazer algo com destreza, não se trata de melhorar a maquinaria cerebral com a qual, originariamente, resolveríamos isso. A solução é muito mais radical. Trata-se de substituí-la por outra com mecanismos e idiossincrasias bem distintas. A primeira pista para chegar a essa ideia vem do célebre estudo que Chase e Simon fizeram com os especialistas em xadrez.

Uma prática circense dos grandes enxadristas consiste em jogar partidas simultâneas e às cegas. Alguns são capazes de proezas extraordinárias. O enxadrista Miguel Najdorf jogou em 45 tabuleiros, simultaneamente, com os olhos vendados. Ganhou trinta e nove partidas, empatou quatro e perdeu duas. Assim, bateu o recorde mundial de partidas simultâneas.

(Poucos anos antes, ele tinha ido à Argentina para participar de uma olimpíada de xadrez representando a Polônia. Não conseguiu voltar. Tampouco puderam sair da Polônia sua mulher, seu filho, seus pais e seus quatro irmãos. Todos morreram em um campo de concentração. Em 1972, Najdorf contou as razões de sua proeza: "Não o fiz como um truque ou uma graça. Tinha a esperança de que essa notícia chegasse à Alemanha, à Polônia e à Rússia, e que algum familiar a lesse e me contatasse". Mas ninguém o fez. As grandes façanhas humanas são, em última instância, uma luta contra a solidão.)*

Movimentavam-se 1440 peças em 45 tabuleiros; noventa reis, 720 peões. Najdorf seguia todas ao mesmo tempo para comandar seus 45 exércitos, metade brancos e metade pretos, com os olhos vendados. Tratava-se, evidentemente, de uma memória extraordinária, de uma pessoa muito especial, única, com um dom. Ou não?

Um grande mestre, só de ver durante poucos segundos o diagrama de uma partida de xadrez, pode reproduzi-la à perfeição. Sem fazer nenhum esforço, como se suas mãos agissem sozinhas, pode colocar as peças exatamente onde o diagrama indicava. Diante desse mesmo exercício, uma pessoa não versada no xadrez mal recordaria a posição de duas ou três peças. Pareceria que, de fato, os enxadristas têm muito mais memória. Mas não é assim.

Chase e Simon demonstraram isso utilizando diagramas com peças distribuídas ao acaso pelo tabuleiro. Nessas condições, os mestres, assim como as outras pessoas, recordaram umas poucas peças. O enxadrista não tem uma memória extraordinária, mas a capacidade de armar uma trama — visual ou falada — para um problema abstrato. Essa descoberta não vale somente para o xadrez, mas para qualquer outra forma de conhecimento humano. Por exemplo, qualquer um pode recordar uma canção dos Beatles, mas dificilmente se lembrará de uma sequência formada pelas mesmas palavras apresentadas de forma desordenada. *Agora experimente*

---

\* O neto de Najdorf me contou que dom Miguel só reencontrou um de seus primos. Foi por acaso. No metrô de Nova York, os dois reconheceram mutuamente sua semelhança e sua proveniência, começaram a conversar e descobriram o parentesco.

*recordar esta mesma frase que apesar de longa não é complexa*. E esta: *frase apesar mesma longa de complexa experimente agora que não recordar é esta*. A canção é fácil de recordar porque o texto e a música têm uma trama. Não recordamos palavra por palavra, mas sim o caminho que elas formam.

Dando continuidade a Sócrates e Mênon, Chase e Simon encontraram a chave para fundamentar o caminho rumo à virtude. E o segredo, veremos, consiste em reciclar velhos circuitos do cérebro para que possam adaptar-se a novas funções.

## O PALÁCIO DA MEMÓRIA

Destreza mnemônica costuma ser confundida com genialidade. Quem faz malabarismos com as mãos é hábil, mas quem os faz com a memória parece um gênio. E, no entanto, os dois não são tão diferentes assim. Aprende-se a desenvolver uma memória prodigiosa do mesmo modo como se aprende a jogar tênis, com a receita que já vimos: prática, esforço, motivação e visualização.

Nos tempos em que os livros eram objetos raros, a propagação de todos os relatos se fazia por via oral. Para que uma história não morresse, era necessário utilizar o cérebro como repositório da memória. Assim, por necessidade, muitos homens foram memorizadores experientes. A técnica mnemônica mais popular, chamada "O palácio da memória", foi forjada naquela época. É atribuída a Simônides, o poeta grego da ilha de Ceos. A fábula conta que Simônides foi, por acaso, o único sobrevivente do colapso de um palácio na Tessália. Os corpos ficaram mutilados, o que tornava quase impossível reconhecê-los para poder enterrá-los apropriadamente. Só se dispunha do relato dele. E Simônides descobriu, com certa surpresa, que podia rememorar vividamente o lugar preciso onde estava cada um dos comensais. Na tragédia, havia descoberto uma técnica fantástica, o palácio da memória. Entendeu que podia recordar qualquer lista arbitrária de objetos se os visualizasse em seu palácio. De fato, assim começa a história moderna da mnemotecnia.

Com seu achado, Simônides identificou um traço idiossincrático da memória humana. A técnica funciona porque todos temos uma fabulosa memória espacial. Basta pensar na quantidade de mapas e percursos (de estradas, casas, coletivos, cidades ou edifícios) que podemos evocar sem esforço. Essa semente de uma descoberta culminou em 2014, quando John O'Keefe e o casal norueguês May-Britt e Edvard Moser ganharam o prêmio Nobel de Medicina por descobrirem no hipocampo um sistema de coordenadas que articula essa formidável memória espacial. Trata-se de um sistema ancestral, ainda mais afinado em roedores pequenos — extraordinários navegadores — do que em nosso cérebro de mastodontes. Orientarmo-nos no espaço foi necessário para nós desde que habitamos o planeta. O mesmo não ocorreu para recordar as capitais dos países, os números e outras coisas para as quais o cérebro *não evoluiu*.

Aqui aparece uma ideia importante. Uma maneira idônea de se adaptar a necessidades inéditas de nossa cultura é reciclar estruturas do cérebro que evoluíram em outros contextos, cumprindo outras funções. O exemplo do palácio da memória é muito paradigmático. Recordar números, nomes ou listas de supermercado é complicado para todos nós. Mas, em contraposição, recordamos facilmente centenas de ruas, os recônditos da casa paterna ou das de nossos amigos da infância. O segredo do palácio da memória é estabelecer uma ponte entre esses dois mundos: o que queremos mas é difícil de recordar e o espaço, onde nossa memória se desenvolve como peixe n'água.

■ Leia esta lista e no prazo de trinta segundos tente recordá--la: *guardanapo, telefone, ferradura, queijo, gravata, chuva, canoa, formigueiro, régua, mate, abóbora, polegar, elefante, grelha, acordeom.*
Agora feche os olhos e procure repeti-la na mesma ordem. Parece difícil, quase impossível. Contudo, aquele que construiu seu palácio — coisa que leva algumas horas de trabalho — pode recordar facilmente qualquer lista desse tipo. O palácio pode ser aberto ou fechado, na escala de um edifício ou de uma casa; depois você o percorre e em cada aposento vão se localizando, um a um, todos os objetos da lista. Não se trata somente de nomeá-los. Em cada aposento é preciso formar uma imagem vívida do objeto nesse lugar. A imagem deve ser emocionalmente forte, até mesmo sexual, violenta ou escatológica. O extraordinário passeio mental, em que assomamos a cada aposento e vemos as imagens mais bizarras com esses objetos em nosso próprio palácio, persistirá na memória muito mais do que as palavras.

A memória prodigiosa se baseia, então, em encontrar boas imagens para os objetos que desejamos recordar. O ofício de memorizador situa-se em algum lugar entre a arquitetura, o desenho e a fotografia, facetas criativas, todas elas. Isso é curioso: a memória, que percebemos como um aspecto rígido do pensamento, revela-se um exercício criativo.
Em resumo, aperfeiçoar a memória não significa aumentar o espaço da gaveta onde se guardam as lembranças. O substrato da memória não é como um músculo que desenvolvemos com o exercício para aumentar sua capacidade. Quando a tecnologia lhe possibilitou isso, Eleanor Maguire confirmou essa premissa, investigando na própria usina da memória. Descobriu que os

cérebros dos grandes campeões da memória são anatomicamente indistinguíveis dos do resto dos mortais. Tampouco eles são mais *inteligentes* ou têm mais memória fora do domínio que estudaram, assim como os enxadristas virtuoses. A única diferença consiste em que os grandes memorizadores utilizam estruturas espaciais da memória. Conseguiram reciclar seus mapas espaciais para recordar objetos arbitrários.

INFORME SOBRE A FORMA

Uma das transformações mais espetaculares do cérebro acontece enquanto aprendemos a enxergar. Isso se passa tão depressa em nossas vidas que não temos nenhuma lembrança de como percebíamos o mundo antes de enxergar. A questão é que, de um jorro de luz, nosso sistema visual consegue identificar formas e emoções em uma pequeníssima fração de segundo, e, o que é mais extraordinário, isso sucede sem nenhum tipo de esforço nem registro consciente de que algo precisa ser feito. Mas transformar luz em forma é tão difícil que, até o dia de hoje, não conseguimos conceber máquinas capazes de fazê-lo. Os robôs vão ao espaço, jogam xadrez melhor do que o maior dos mestres e pilotam aviões, mas são incapazes de enxergar.

Para destrinçar o sistema visual e entender como o cérebro obtém semelhante proeza, é preciso encontrar seus limites, descobrir precisamente onde ele falha. Para isso, tomemos um exemplo simples, mas eloquente. Quando se trata de pensar como vemos, definitivamente uma imagem vale mais do que mil palavras.

Os dois objetos da figura a seguir são muito parecidos. E ambos, claro, são muito fáceis de reconhecer. Mas, quando submergem em um mar de traços, acontece algo bastante extraordinário.

O cérebro visual funciona de duas maneiras completamente distintas. Torna-se impossível não ver o objeto da direita, é como se ele fosse de outra cor, como se literalmente surgisse em outro plano. Em inglês, isso é chamado, onomatopaicamente, de *pop-out*. Com o objeto da esquerda, ocorre algo diferente. Vemos com muito esforço os traços que formam a serpente, e a percepção é adaptável: quando estamos concentrados em uma parte, o resto se esfuma e se funde na textura.

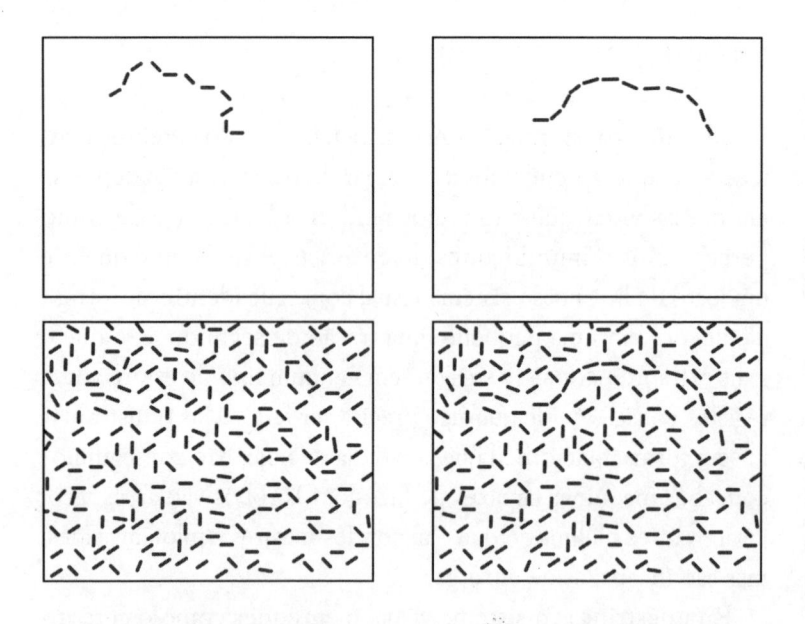

Podemos pensar no objeto que vemos com facilidade como uma melodia cujas notas se sucedem e são percebidas naturalmente como um todo. No outro, em contraposição, é como se fossem notas ao acaso. Assim como a música, o sistema visual tem regras que definem como organizamos uma imagem e que condicionam o que percebemos e recordamos. Quando um objeto se agrupa naturalmente, sem esforço e de maneira integrada, diz-

-se que ele é *gestaltiano*, por causa da equipe de psicólogos que no início do século XX descobriu as regras mediante as quais o sistema visual constrói forma. Essas regras, como as da linguagem, são aprendidas.

Vejamos como isso funciona no cérebro. Será que podemos treinar e modificar o cérebro para que detecte qualquer objeto de maneira quase instantânea e automática? Respondendo a essa pergunta, vamos construir uma teoria sobre a aprendizagem humana.

## UM MONSTRO DE PROCESSADORES LENTOS

A maioria dos computadores atuais, feitos de silício, funciona com poucos processadores. Cada processador pode fazer uma só coisa em cada tempo. Portanto, nossos computadores calculam muito depressa, mas uma coisa por vez. O cérebro, em contraposição, é uma máquina *maciçamente paralela*, isto é, faz simultaneamente milhões e milhões de cálculos. Talvez esse seja um dos aspectos mais distintivos do cérebro humano e, em grande medida, permite que resolvamos com tanta rapidez e eficiência coisas que ainda não fomos capazes de delegar a computadores de poucos processadores. De fato, um dos esforços mais intensos na ciência da computação é desenvolver computadores maciçamente paralelos. Isso tem duas dificuldades essenciais: a primeira é simplesmente encontrar a forma de produzir de maneira econômica tal quantidade de processadores; e a segunda, conseguir que todos eles compartilhem informação.

Em um computador paralelo, cada processador cuida de sua tarefa. Mas o resultado de todo esse trabalho coletivo tem que ser coordenado. Um dos aspectos mais misteriosos do cérebro é como ele consegue unir toda a informação processada em paralelo. Isso está profundamente ligado à consciência. Por isso, se entendermos como o cérebro integra informação que calcula maciçamente, estaremos muito mais perto de revelar a mecânica da consciência. Além disso, teremos descoberto como aprender.

O segredo do virtuosismo está em poder reciclar essa maquinaria paralela maciça para que se ajuste a novas funções. O grande matemático *vê* matemática. O grande enxadrista *vê* xadrez. E isso ocorre porque o córtex visual é a mais extraordinária máquina paralela que conhecemos.

O sistema visual é composto de mapas superpostos. Por exemplo, o cérebro tem um mapa dedicado em especial a codificar cor. Em uma região chamada V4* formam-se módulos de aproximadamente um milímetro de tamanho — chamados, em inglês, *globs* —, e cada um identifica diferentes matizes de cor em uma região muito precisa da imagem.

A grande vantagem desse sistema é que, para reconhecer algo, não é preciso varrer sequencialmente ponto por ponto. Isso se mostra, em particular, importante no cérebro. Os tempos de carga de um neurônio e de roteamento de informação de um neurônio a outro são muito lentos, o que faz com que o cérebro possa processar em um segundo entre três e quinze ciclos de cômputo. Isso não é nada, comparado com os milhares de milhões de ciclos por segundo de um minúsculo processador em um telefone celular.

O cérebro resolve a lentidão intrínseca de seu tecido biológico com um exército quase infinito de efetivos.** De modo que

---

* As áreas visuais são denominadas — para tranquilidade da população — com a letra V e com um número que dá uma medida de sua profundidade na hierarquia de cômputo; ou seja, V4 é um dos primeiros estágios das mais de sessenta áreas de processamento visual.
** *"They got the guns, we've got the numbers"*, canta Jim Morrison em "Five to One".

a conclusão é simples, e será a chave da aprendizagem: qualquer função que possa resolver-se em estruturas paralelas (mapas) do cérebro se fará de maneira efetiva e eficiente. Também será percebida como automática. Em contraposição, as funções que utilizam o ciclo sequencial do cérebro são executadas lentamente e percebidas com grande esforço e à plena luz da consciência. Aprender no cérebro é, em grande medida, *paralelizar*.

O repertório de mapas visuais inclui movimento, cor, contraste e orientação. Alguns mapas identificam objetos mais sofisticados, como dois círculos contíguos. Ou seja, olhos que nos olham. Por isso se produz aquela sensação tão curiosa de girar a cabeça rapidamente para um lugar de onde alguém estava nos olhando. Como soubemos que nos olhavam antes de termos dirigido o olhar? Percebe-se isso como uma adivinhação. A razão é, justamente, que o cérebro está explorando a possibilidade de que alguém nos olhe ao longo de todo o espaço e em paralelo, muitas vezes sem registro consciente. O cérebro detecta um atributo distintivo em um de seus mapas, e gera um sinal que se comunica com o sistema de atenção ou controle motor no córtex parietal, como* se dissesse "dirija os olhos para ali porque está acontecendo algo importante". Esses mapas que vêm *de fábrica* são uma espécie de repertório de habilidades inatas. São eficientes e ao mesmo tempo cumprem uma função muito específica. Mas podem ser modificados, combinados e reescritos. E aqui está a chave da aprendizagem.

---

* O "como" é estrito. O córtex visual não fala castelhano com o córtex parietal. Mas essas metáforas servem para entender a utilidade de certos mecanismos, contanto que não sejam exageradas nem desvirtuadas.

## O PEQUENO CARTÓGRAFO QUE TODOS TEMOS DENTRO DE NÓS

O córtex cerebral é organizado em colunas neuronais, e cada uma cumpre uma função específica. Isso foi descoberto por David Hubel e Torsten Wiesel e lhes valeu o prêmio Nobel de Fisiologia, talvez o mais influente na neurociência. Ao estudar como esses mapas se desenvolviam, eles perceberam que havia *períodos críticos*. Ou seja, os mapas visuais têm um programa natural de desenvolvimento genético, mas precisam da experiência visual para se consolidar. Como um rio que, para manter sua forma, precisa que a água corra.

A retina, sobretudo nas primeiras fases do desenvolvimento, gera atividade espontânea, ou seja, estimula a si mesma em plena escuridão. O cérebro reconhece essa atividade como luz, sem distinguir se esta vem de fora ou não. Por isso, o desenvolvimento por atividade começa antes de abrirmos os olhos. Os gatos, por exemplo, nascem com os olhos fechados. Na realidade, estão treinando seu sistema visual com *luz própria*. Esses mapas se desenvolvem durante a primeira infância, e depois de alguns meses já estão consolidados. Um bebê de um ano vê, *grosso modo*, como um adulto.

A descoberta de Hubel e Wiesel conflui com outro mito: aprender certas coisas na idade adulta é uma missão impossível. Vamos rever essa ideia e semear um otimismo moderado: a aprendizagem tardia é muito mais plausível do que aquilo que a pessoa intui, mas requer muito tempo e esforço. Os mesmos que dedicamos a esses misteres na primeira infância, embora o tenhamos esquecido. Afinal, os bebês e as crianças dedicam horas, dias, meses e anos de vida a aprender a falar, a caminhar e a ler. Que adulto abandona tudo para dedicar integralmente seu tempo e seu esforço a aprender algo novo?

Em retrospectiva, alguma coisa disso é óbvia. Aprendemos a ler aos seis anos, e os radiologistas, em plena idade adulta, a *ver* radiografias. Eles podem, depois de muito trabalho, identificar facilmente anomalias que ninguém mais vê. É o resultado claro de uma transformação em seu córtex visual adulto. De fato, para o radiologista, essa detecção é rápida, automática e quase emocional, como quando temos uma resposta de aborrecimento visceral ante os erros "hortograficoz". O que acontece no cérebro a ponto de poder transformar tão radicalmente nossa maneira de perceber, representar e pensar?

## TRIÂNGULOS FLUORESCENTES

A ciência tem algumas repetições curiosas. Muitas vezes, os gestores de ideias extraordinárias e paradigmáticas são os mesmos que depois as derrubam. Torsten Wiesel, após instalar o dogma dos períodos críticos, juntou-se a Charles Gilbert, seu aluno em Harvard, para demonstrar o contrário: o córtex visual continua a se reorganizar inclusive em plena idade adulta.

Quando cheguei ao laboratório de Gilbert e Wiesel — os quais àquela altura haviam se mudado para Nova York — a fim de fazer meu doutorado, o timão do mito já havia girado. Não se tratava mais de ver se o cérebro adulto aprendia, mas de esclarecer como o fazia. O que acontece no cérebro no momento em que nos tornamos especialistas em algo?

- Charles Gilbert e eu pensamos um experimento para poder investigar cuidadosamente essa pergunta no laboratório. Isso

requeria fazer certas concessões, em um processo de simplificação. Assim, em vez de estudar especialistas em radiografias, fabricamos especialistas em triângulos. Sem dúvida, algo pouco meritório como destreza ou ofício, mas que, no laboratório, tem a vantagem da simplicidade. É um simulador de um processo de aprendizagem.
Então mostramos a um grupo de pessoas uma imagem repleta de formas, a qual, depois de duzentos milissegundos, desaparecia como um flash. Naquele emaranhado, elas tinham que encontrar um triângulo. Olhavam para nós como se estivéssemos loucos. Simplesmente não havia tempo para vê-lo.

Sabíamos que, se esse teste consistisse em encontrar um triângulo vermelho entre muitos azuis, qualquer pessoa teria respondido facilmente. E sabemos por quê. Temos um sistema paralelo que em oitenta milissegundos pode varrer o espaço inteiro para resolver uma diferença de cor, mas não temos no córtex visual um sistema que nos permita identificar triângulos. Podemos desenvolvê-lo? Se assim fosse, estaríamos abrindo uma janela para a aprendizagem.
Durante centenas de tentativas, muitos se frustraram vendo o nada. Mas, depois de repetir durante horas e horas essa tarefa tão tediosa, acontecia algo mágico: o triângulo brilhava, como se fosse de outra cor, como se não houvesse maneira de não o ver. Sabemos, então, que com muito trabalho podemos ver o que antes parecia impossível. E isso pode ser obtido na idade adulta. A grande vantagem desse experimento foi que ele nos permitiu estudar o que acontece no cérebro quando aprendemos.

## O CÉREBRO PARALELO E O CÉREBRO SERIAL

O córtex cerebral se organiza em dois grandes sistemas. Um, o dorsal, corresponde aproximadamente ao prolongamento dos ombros (o dorso), e o outro, o ventral, corresponde ao prolongamento da barriga (ventre). Em termos funcionais, esse parcelamento é muito mais pertinente do que a afamada divisão entre hemisférios. A parte dorsal inclui o córtex parietal e o frontal, que *grosso modo* têm a ver com a consciência, com a atividade cerebral relativa à ação e com um funcionamento lento e sequencial do cérebro. A parte ventral do córtex cerebral está associada a processos automáticos, em geral inconscientes, e corresponde a um modo de funcionamento rápido e paralelo do cérebro.

Encontramos duas diferenças fundamentais na atividade cerebral dos *especialistas em triângulos*. Seu córtex visual primário — no sistema ventral — se ativava muito mais quando eles viam triângulos do que quando viam outras formas para as quais não tinham sido treinados. E ao mesmo tempo os córtices frontal e parietal se desativavam. Isso explica por que, para eles, ver triângulos já não requeria esforço. É o substrato cerebral da automatização como resultado da aprendizagem. Observa-se uma transformação semelhante quando uma pessoa é treinada para poder reconhecer algo (por exemplo, um músico que aprende a ler partituras, um jardineiro que aprende a reconhecer um parasita em uma planta, ou um técnico esportivo que se dá conta, em um segundo, de que um time está mal situado na quadra).

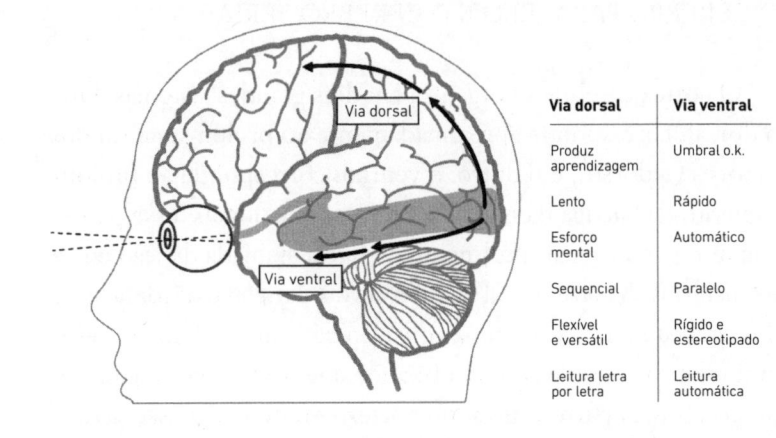

| Via dorsal | Via ventral |
|---|---|
| Produz aprendizagem | Umbral o.k. |
| Lento | Rápido |
| Esforço mental | Automático |
| Sequencial | Paralelo |
| Flexível e versátil | Rígido e estereotipado |
| Leitura letra por letra | Leitura automática |

A aprendizagem: uma ponte entre duas vias do cérebro

O córtex se organiza em sistema dorsal e sistema ventral. A aprendizagem consiste em um processo de transferência de um sistema a outro. Quando aprendemos a ler, o sistema lento esforçado, que funciona "letra por letra" (sistema dorsal), é substituído por outro capaz de detectar palavras inteiras sem esforço e de maneira muito mais veloz (sistema ventral). Mas, quando as condições não são propícias para o sistema ventral (por exemplo, se as letras estiverem escritas verticalmente), voltamos a utilizar o dorsal, que é lento e serial mas tem flexibilidade para se adequar a diferentes circunstâncias. Em muitos casos, aprender significa liberar o sistema dorsal para automatizar um processo, e para que a atenção e o esforço mental possam se dedicar a outros assuntos.

## O REPERTÓRIO DE FUNÇÕES: APRENDER É COMPILAR

O cérebro tem uma série de mapas no córtex ventral que lhe permitem executar de maneira rápida e eficiente algumas funções. Isso tem um custo, pois os mapas são pouco versáteis. O córtex parietal permite combinar as informações de cada um desses mapas, mas trata-se de um processo lento, que exige esforço.

Contudo, o cérebro humano tem a capacidade de mudar o repertório de operações automáticas. Esse processo pede milhares e milhares de ensaios, e o resultado é que se pode acrescentar uma nova função ao córtex ventral. Podemos pensar isso como um processo de terceirização, como se o cérebro consciente delegasse essa função ao córtex ventral. Os recursos conscientes, de esforço mental e de capacidade limitada dos córtices frontal e parietal, podem ser destinados a outros ofícios. Essa é uma chave para uma aprendizagem de enorme pertinência na prática educativa: a leitura. O leitor experiente, que lê com rapidez, sem esforço, terceiriza a leitura; aquele que está aprendendo, não. Por isso, sua consciência está plenamente ocupada nessa tarefa.

O processo de automatização é tangível no exemplo da aritmética. Quando uma criança aprende a somar 3 + 4, a primeira coisa que faz é acrescentar um a um ao que já tem. Nesse caso, o córtex parietal trabalha plenamente. Mas, em um ponto da aprendizagem, "três mais quatro são sete" se torna quase um poema. O cérebro já não soma deslocando-se de um em um, mas recorrendo a uma tabela de memória. A soma está terceirizada. Depois vem uma nova etapa. Pode-se resolver 4 × 3 de uma maneira lenta e com esforço, a cargo dos córtices parietal e frontal: "4 + 4 são 8. E 8 + 4 são 12". Depois se desenvolve outra terceirização, mediante a qual a multiplicação se automatiza em uma tabela de memória para proceder a cálculos mais complexos.

Um processo quase análogo explica os exemplos de virtuoses que vimos antes. Quando um enxadrista resolve problemas complicados de xadrez, o que se ativa mais distintamente é seu córtex visual. Podemos sintetizar isso dizendo que ele já não pensa, mas que *vê melhor*.* O mesmo acontece com um grande matemático que, ao resolver teoremas complicados, ativa seu córtex visual. Ou seja, o virtuose conseguiu reciclar um córtex dedicado ancestralmente a identificar rostos, olhos, movimentos, arestas e cores para levá-lo a um domínio muito mais abstrato.

## AUTOMATIZAR A LEITURA

O princípio que inferimos com os especialistas em triângulos explica aquela que talvez seja a transformação mais decisiva da educação: converter garranchos visuais (letras) nas vozes das palavras. Como a leitura é a janela universal para o conhecimento e a cultura, isso lhe dá uma pertinência especial sobre o resto das faculdades humanas.

Por que começamos a ler aos cinco anos, e não aos quatro ou aos seis? É melhor? Convém aprender a ler decompondo cada palavra em suas letras constitutivas ou, ao contrário, vendo a palavra globalmente, como um todo, para associá-la ao seu significado? Dada a pertinência, seria desejável que essas decisões não fossem tomadas a partir da postura de *a mim me parece que*, mas que estivessem construídas a partir de um corpo de evidência que acumulasse a experiência de anos e anos de prática e o conhecimento dos mecanismos cerebrais que sustentam o desenvolvimento da leitura.

Como nos outros domínios da aprendizagem, o leitor experiente também tem a leitura terceirizada. Aquele que lê mal não só faz isso mais devagar; o que mais o restringe é que seu sistema

---

\* Quando perguntaram ao célebre mestre e campeão mundial de xadrez José Raúl Capablanca quantas jogadas calculava, ele respondeu: "Só uma, a melhor".

de esforço e concentração está posto na leitura, e não em pensar o que significam essas palavras. Por isso, muitas vezes os disléxicos são reconhecidos por seu déficit de compreensão na leitura. Mas isso não tem nada a ver com a inteligência, e sim, simplesmente, com o fato de o esforço deles se encontrar em outro lado. Para poder empatizar com essa situação, tente recordar as seguintes palavras enquanto lê o próximo parágrafo: "árvore", "bicicleta", "xícara", "ventilador", "pêssego", "chapéu".

Às vezes, lendo em um idioma que conhecemos mal, depois de algum tempo descobrimos que não compreendemos nada, porque toda a atenção estava dedicada a traduzir. A mesma ideia se aplica a todo processo de aprendizagem. Quando alguém começa a estudar percussão, sua concentração está no novo ritmo que aprende. Em algum momento esse ritmo se interioriza e se automatiza, e só então a pessoa pode concentrar-se na melodia que flutua por cima, na harmonia que o acompanha ou em outros ritmos que dialogam simultaneamente.

Agora você recorda as palavras? E, se recorda, de que tratava o parágrafo anterior? Resolver ambas as tarefas é muito difícil, porque cada uma ocupa um sistema limitado nos córtices frontal e parietal. A atenção se inclina a fazer malabarismos para que as seis palavras não se esfumem da memória ou para acompanhar um texto. Raramente para ambas as coisas.

## ECOLOGIA DOS ALFABETOS

Quase todas as crianças aprendem a linguagem com grande destreza. Quando cheguei à França — sem falar francês —, parecia-me estranho que um tico de gente, com três anos, que não conhecia nada da filosofia de Kant nem do cálculo matemático nem dos Beatles, falasse perfeitamente o francês. E sem dúvida uma criança também acha esquisito que um grandalhão seja incapaz de fazer algo tão simples como pronunciar corretamente uma palavra. Esse é um bom exemplo de um virtuosismo mental que tem muito pouco a ver com outras aptidões que associamos à cultura e à inteligência.

Uma das ideias de Chomsky é que aprendemos de maneira tão efetiva a linguagem falada porque ela se constrói com uma faculdade para a qual o cérebro está preparado. Como vimos, o cérebro não é uma tábula rasa. Pelo contrário: já tem algumas funções estabelecidas, e os problemas que dependem destas se resolvem mais naturalmente.

Chomsky argumentou que existem elementos comuns a todas as linguagens faladas, e também uma trama comum em todos os alfabetos. Os milhares de alfabetos, muitos já em desuso, são, evidentemente, muito distintos. Mas, observando-os ao mesmo tempo, detectam-se de imediato algumas regularidades. A mais saliente é que eles se constroem a partir de uns poucos traços. Precisamente, Hubel e Wiesel ganharam seu prêmio Nobel por descobrirem que cada neurônio do córtex visual primário detecta, na pequena janela à qual ele é sensível, se há um traço. Os traços são, justamente, a base de todo o sistema visual, os tijolos da forma. E os alfabetos se constituem utilizando esses tijolos.

E mais: ao contarmos quais são, em todos os tempos, os traços mais frequentes de todos os alfabetos da cultura, aparece uma regularidade extraordinária. Nos alfabetos há linhas horizontais e verticais, ângulos, arcos, traços oblíquos. E aqueles traços que são mais frequentes na natureza abundam também nos alfabetos. Sem que isso tenha sido produto de um desenho deliberado ou racional, os alfabetos evoluíram para utilizar um material que se assemelha bastante ao material visual com que nos acostumamos a lidar. Os alfabetos usurpam elementos para os quais o sistema visual já está afinado. É como começar com certa ajuda. A leitura está suficientemente próxima daquilo que o sistema visual já aprendeu. Se procurássemos ensinar com alfabetos que não tivessem nada a ver com aquilo que, no sistema visual, repercute mais naturalmente, a experiência de leitura seria muitíssimo mais tediosa. E, ao contrário, quando vemos casos de dificuldades na leitura, podemos suavizar esse processo levando o material que devemos aprender para algo mais digerível, mais natural, mais consumível, algo para o qual o cérebro está preparado.

A MORFOLOGIA DA PALAVRA

O cérebro do leitor aprende primeiro cada letra da linguagem, gerando uma função que permite identificá-la. Quem começa a ler pronuncia uma letra como se fosse em câmera lenta. Depois de muitas repetições, esse processo se automatiza; a parte ventral do sistema visual cria um novo circuito capaz de reconhecer letras. Esse detector se constrói recombinando os circuitos que já existiam para detectar traços. E estes, por sua vez, se transformam em novos tijolos do sistema visual, os quais, como peças de Lego, são recombinados para reconhecer sílabas (de duas ou três letras sucessivas). O ciclo prossegue, com as sílabas como novos átomos da leitura. Nesse estágio, uma criança lê a palavra "carro" em dois ciclos, um para cada sílaba. Depois, quando a leitura está consolidada, lê-se a palavra em uma só varredura, integralmente, como se ela fosse um só objeto. Ou seja, com a leitura paraleliza-se um processo que originariamente era serial. No fim do processo de leitura, o leitor forma em seu cérebro uma função capaz de extrair a palavra como um todo. Exceto para palavras compostas e extremamente longas, que até os adultos leem em duas partes.

Como sabemos que os adultos leem palavra por palavra? A primeira demonstração é que os olhos de um leitor se movem detendo-se uma vez a cada palavra. Cada uma dessas fixações dura cerca de trezentos milissegundos e depois salta abruptamente e em grande velocidade para a palavra seguinte. Em sistemas de escrita como o nosso, que avançam da esquerda para a direita, cada fixação vai muito perto do primeiro terço da palavra, como para varrer mentalmente daí para a direita, para o *futuro* da leitura. Evidentemente, esse processo tão preciso é implícito, automático e inconsciente.

A segunda demonstração é medir o tempo que se leva para ler uma palavra. Se lêssemos letra por letra, o tempo seria proporcional ao comprimento das palavras. Contudo, o tempo que um leitor demora para ler uma palavra de duas, quatro ou cinco letras é exatamente o mesmo. Esta é a grande virtude de haver paralelizado algo; não importa se são um, dez, cem ou mil os nodos sobre os quais é preciso aplicar a operação. Na leitura, essa paralelização tem um limite em palavras longuíssimas e compostas, como esternocleidomastoideo.* Mas, dentro de uma escala entre duas e sete letras, o tempo de leitura é quase idêntico. Em contraposição, para quem está começando a ler, o tempo de leitura cresce proporcionalmente ao número de letras de uma palavra. O mesmo ocorre para um disléxico. Isso denota uma marca característica: eles não só leem mais devagar, como também o fazem de outra maneira.

---

* Luis Pescetti sugere utilizar o critério de comida natural de acordo com a regra do número de sílabas. Chocolate, pêssego, amêndoas, toda a comida natural tem no máximo quatro sílabas.

Vimos que o talento de quem começa a estudar é muito pouco preditivo de quão boa vai ser essa pessoa após muitos anos de aprendizagem. Agora entendemos por quê.

Na França, baseando-se na ideia de que os leitores experientes leem palavra por palavra, um grupo concluiu — erroneamente — que a melhor forma de ensinar é a *leitura holística*, na qual, em vez de começar por identificar os sons de cada letra, começa-se lendo palavras inteiras, como um todo. Esse método foi um sucesso de difusão, entre outras coisas porque trazia um bom nome. Quem não quer que seu filho aprenda pelo *método holístico*? Mas foi um desastre pedagógico sem precedentes, que resultou em muitas crianças com dificuldades de leitura. E, com o argumento que esboçamos aqui, entende-se por que o método holístico não funciona. Ler de maneira paralelizada é o estado final a que se chega somente construindo as funções intermediárias.

## OS DOIS CÉREBROS DA LEITURA

O cérebro tem muitas formas de resolver um mesmo problema, o que lhe dá redundância, robustez e, às vezes, confusão. Aqui, colocamos a lupa sobre duas maneiras distintas de funcionamento do cérebro. O sistema frontoparietal, que é versátil, mas lento, e demanda esforço, e o sistema ventral, dedicado a algumas funções específicas que realiza automaticamente e com grande rapidez.

Esses dois sistemas coexistem, e sua pertinência vai se ponderando durante a aprendizagem. Nós, os leitores treinados, utilizamos primordialmente o sistema ventral, embora o sistema parietal funcione residualmente, o que fica evidente quando lemos uma caligrafia complexa ou quando as letras não se encontram em sua apresentação habitual, seja verticalmente, seja da direita para a esquerda ou separadas por grandes espaços. Nesses casos, os circuitos do córtex ventral — pouco flexíveis — deixam de funcionar. E aí lemos de modo semelhante ao de um disléxico.\* De fato, custa-nos ler um CAPTCHA\*\* porque ele tem irregularidades que fazem com que o sistema ventral não consiga reconhecê-lo. Essa é uma maneira de constatar que o sistema serial de leitura ainda está latente e de nos reencontrar em alguma instância com aquele que fomos há muito tempo, quando aprendemos a ler.

## A TEMPERATURA DO CÉREBRO

Quando aprendemos, o cérebro muda. Por exemplo, modificam-se as sinapses — ligações, em grego — que conectam diferentes neurônios. Estes podem multiplicar suas conexões ou variar a eficácia de uma conexão já estabelecida. Tudo isso modifica as redes neuronais. Mas o cérebro tem outras fontes de plasticidade: por exemplo, ele pode mudar as propriedades morfológicas e os genes que se expressam em um neurônio. Em casos extremamente pontuais, também pode aumentar o número de neurônios, algo muito atípico. Em geral, o cérebro adulto aprende sem aumentar sua massa neuronal.

---

\* Experimente ler de trás para a frente a seguinte frase: "*la ruta nos aportó otro paso natural*". Quanta vagareza para dizer o mesmo, não é? [Em português, "A cara rajada da jararaca" e "Anotaram a data da maratona" são dois dos vários exemplos dos chamados palíndromos, palavras ou frases que podem ser lidas, indiferentemente, da esquerda para a direita ou vice-versa. (N. T.)]

\*\* CAPTCHA é a sigla em inglês de um procedimento automatizado para diferenciar entre humanos e máquinas. São aquelas palavras desenhadas e camufladas que precisamos digitar para tantas transações na internet. Como os computadores não são capazes de ler essas imagens, ao escrevê-las estamos abrindo um cadeado somente para humanos.

Hoje se utiliza o termo "plasticidade" para referir-se à capacidade de transformação do cérebro. A metáfora se alastra. Mas esse uso tão frequente talvez se torne nocivo, porque supõe que o cérebro se molda, se estira, se esmaga, se enruga e se alisa, como um músculo, embora nada disso aconteça na realidade.

O que faz o cérebro estar menos ou mais predisposto a mudar? Em um material, o parâmetro crítico que dita a predisposição à mudança é a temperatura. O ferro é rígido e não maleável; mas, aquecido, pode mudar de forma e depois consolidá-la em outra configuração ao esfriar de novo. No cérebro, qual é o equivalente à temperatura? O primeiro, como demonstraram Hubel e Wiesel, é o tempo de desenvolvimento. O cérebro de um bebê não tem o mesmo grau de mudança que o de um adulto. Mas, como já vimos, essa diferença não é irremediável. Será a motivação a diferença fundamental entre uma criança e um adulto?

A motivação promove a mudança por uma razão simples, que já examinamos: uma pessoa motivada trabalha mais. O mármore não é precisamente plástico, mas, se o martelarmos durante horas com o cinzel, ele acaba mudando sua forma. A noção de plasticidade é relativa ao esforço que estamos dispostos a fazer para mudar. Mas isso ainda não nos leva à noção de temperatura, de predisposição à mudança. Em todo caso, o que acontece no cérebro quando estamos motivados, e que o predispõe a mudar? Será que podemos emular esse estado cerebral para promover a aprendizagem? A resposta está em entender que *sopa química* adequada de neurotransmissores promove a transformação sináptica e, portanto, a mudança cerebral.

Antes de entrarmos no detalhe microscópico da química do cérebro, convém examinar a forma mais canônica da aprendizagem: a memória, as mudanças que perduram no tempo. Percorrendo o palácio da memória, descobrimos que nem todas as experiências visuais modificam o cérebro da mesma maneira. Um estado emocional forte faz com que uma experiência fique gravada de maneira muito mais profunda. Quase todos os que vimos o gol de Maradona contra os ingleses na Copa do Mundo de 1986, no México, nos lembramos da cena. Mas alguém recorda quem fez os gols contra a Coreia na mesma Copa?

O mais interessante é que, mais de trinta anos depois, não só recordamos o gol de Maradona como também, com notável clareza, onde estávamos e com quem. Aquele momento de emoção faz com que tudo o que aconteceu então, o relevante — o gol — e o irrelevante, entrem num episódio que ficou impregnado na memória. O mesmo se dá com emoções fortes muito negativas. Quem passa por uma experiência traumática forma uma lembrança muito difícil de apagar. Essa lembrança é ativada por fragmentos do episódio, o lugar onde este aconteceu, algum odor similar, uma pessoa que estava por ali ou qualquer outro detalhe. Os momentos de mais sensibilidade para o registro cerebral têm certa promiscuidade; aquilo que gerou essa sensibilidade não é a única coisa que recordamos: abre-se uma espécie de janela na qual tudo o que entra no episódio é recordado com muito mais vigor.

Pois bem, o que acontece no cérebro quando nos emocionamos ou quando recebemos uma recompensa (monetária, sexual, afetiva, chocolate) que o torna mais predisposto à mudança? Para descobrir isso, temos de trocar a lupa e entrar no mundo microscópico. E a viagem nos leva à Califórnia, ao trabalho do neurobiólogo Michael Merzenich.

■ No experimento de Merzenich, os que jogavam e aprendiam eram macacos que deviam identificar o mais agudo de dois tons, como quando afinamos um instrumento. À medida que dois tons se tornam similares, começam a ser percebidos como idênticos, embora não o sejam. Assim se investiga o limite de resolução do sistema auditivo. Como qualquer outra virtude, também esta é treinável.

O córtex auditivo, assim como o visual, está organizado em uma grade, um retículo de neurônios que se agrupam em colunas. Cada coluna se especializa em detectar uma frequência específica. Assim, em paralelo, o córtex auditivo analisa a estrutura de frequência (as notas) de um som.

No mapa do córtex auditivo, cada frequência tem um território dedicado. Merzenich já sabia que, se um macaco for treinado ativamente para aprender a reconhecer tons de uma frequência específica, acontece algo bastante extraordinário: a coluna que representa essa frequência se expande, como um país que cresce invadindo seus vizinhos. A pergunta que nos interessa aqui é a seguinte: o que permite essa mudança? Merzenich observou que a mera repetição de um tom não é suficiente para transformar o córtex. Contudo, se esse tom acontecer ao mesmo tempo que um pulso de atividade na área ventral tegmental, uma região profunda do cérebro que produz dopamina, então o córtex se reorganiza. Tudo fecha. Para que um circuito cortical se reorganize, é preciso que ocorra um estímulo em uma janela temporal na qual se libera dopamina (ou outros neurotransmissores similares). Para aprendermos, são necessários motivação e esforço. Não é magia nem dogma. Sabemos agora que isso produz dopamina, que diminui a resistência do cérebro à mudança.

Podemos pensar a dopamina como a água que torna a argila mais moldável, e o estímulo sensorial como a ferramenta que grava um sulco nessa argila úmida. Nenhuma das duas coisas é suficiente por si só para transformar o material. Trabalhar a argila seca é inútil. Umedecê-la, se você não vai esculpi-la, também. Isso fecha o programa de aprendizagem que iniciamos com a ideia de Galton: o cérebro aprende quando está exposto a estímulos que o transformam. É um trabalho lento e repetitivo para poder estabelecer o sulco de novos circuitos que automatizem um processo. Mas essa transformação necessita, além de esforço e motivação, que se disponha o córtex cerebral em um estado de sensibilidade à mudança.

Em resumo, percorremos os erros de Galton para entender como se forja a aprendizagem; o teto não é tão genético assim e o caminho não é somente social e cultural. Também vimos que o virtuose resolve seu ofício de uma maneira qualitativamente distinta, não só aperfeiçoando o procedimento original. E que, para perseverar na aprendizagem, é preciso trabalhar com motivação e esforço, fora da zona de conforto e do umbral o.k. Aquilo que reconhecemos como um teto de desempenho costuma não o ser. É somente um ponto de equilíbrio.

Em síntese, nunca é tarde demais para aprender. Se algo muda com o tempo, é que a motivação se estanca em lugares aprendidos e não na voracidade por descobrir e aprender. Recuperar esse entusiasmo, essa paciência, essa motivação e essa convicção parece o ponto natural para quem quiser verdadeiramente aprender.

# 6. Cérebros educados

*Como podemos aproveitar o que sabemos sobre o cérebro e o pensamento humano para aprender e ensinar melhor?*

A cada dia, mais de 2 bilhões de crianças em todo o mundo vão à escola, no que talvez seja o experimento coletivo mais vasto da história da humanidade. Ali aprendem a ler, forjam suas amizades mais íntimas e se constituem como seres sociais. E na escola, em um intensíssimo processo de aprendizagem, o cérebro se desenvolve e se transforma. Contudo, a neurociência, ignorando profundamente esse vínculo tão estreito, ficou por anos afastada das salas de aula. Talvez seja este, por fim, o momento propício para estabelecer uma ponte entre a neurociência e a educação.

O filósofo e educador John Bruer observou que essa ponte conecta mundos distanciados; o que a neurociência considera relevante não costuma nem precisa ser pertinente para a educação. Por exemplo, entender que uma região no córtex parietal é fundamental para o processamento numérico pode ser importante para a neurociência, mas não ajuda um professor a refletir sobre como ensinar matemática.

Nesse exercício de transferência de conhecimento, no qual a neurociência deveria se colocar a serviço da sociedade, deveríamos estar mais atentos que nunca à impostura de termos científicos vagos e imprecisos. Hoje, as *neurocoisas* ficaram tão em moda que é frequente ouvir, por exemplo, que se deve usar mais o hemisfério direito. A primeira pergunta com a qual semelhante engano deveria ser destroçado é a seguinte: como faço para ativar o hemisfério direito? Se o ponto é que convém concentrar-se no desenho ou prescindir da linguagem, cabe dizê-lo dessa maneira, sem rodeios, e não com uma metáfora que não acrescenta nada além do suposto prestígio marqueteiro de um campo científico.

Há uma longa história sobre como traduzir conhecimento básico em ciência aplicada. Um ponto de vista sustenta que a ciência deve produzir um corpo de conhecimentos com a esperança de que alguns deles venham a ser úteis para as necessidades sociais. Um enfoque alternativo, cunhado por Donald Stokes como o *quadrante de Pasteur*, consiste em encontrar um nicho no qual a pesquisa aplicada e a básica sejam igualmente pertinentes.

Na taxonomia de Stokes, o conhecimento científico se classifica à medida que busque uma compreensão fundamental ou tenha considerações de uso. O modelo do átomo de Niels Bohr, por exemplo, é um caso em que a ciência persegue o bem puro do conhecimento. Em contraposição, a lâmpada de Thomas Edison é um exemplo de considerações de uso. A pesquisa de Pasteur sobre a vacinação, segundo Stokes, abarca ambas as dimensões: além de resolver os princípios fundamentais da microbiologia, deu uma solução concreta para um dos problemas médicos mais urgentes da época.

Neste capítulo, procuraremos navegar em águas nas quais a neurociência, a ciência cognitiva e a educação se encontram no *quadrante de Pasteur*, explorando aspectos fundamentais da função cerebral a fim de contribuir para a qualidade e a eficácia da prática educativa.

## O SOM DAS LETRAS

Ao aprendermos a ler, descobrimos que as formas p, *p*, 𝒑, 𝓅, **P** e *p* são a mesma letra. Entendemos que a combinação precisa de um segmento e um arco, de "| + ɔ", forma o **P**. O arco pode ser menor, o segmento pode estar inclinado ou o arco pode cruzá-lo ligeiramente, mas sabemos que essas formas, nunca idênticas, correspondem à mesma classe. Essa é a parte visual da leitura, cujo processo já percorremos. Mas falta uma façanha mais complicada: aprender a pronunciá-la. Entender que esse objeto visual "p" corresponde a um objeto auditivo, o fonema /p/.

As consoantes são difíceis de pronunciar porque nunca as escutamos isoladas; estão sempre acompanhadas por uma vogal. Por isso a consoante "p" se chama "pê". Nomeá-la sem o "e" que a segue é estranho. Algumas consoantes, além disso, requerem morfologias complexas do aparelho vocal, como a união explosiva dos lábios para pronunciar o /p/ ou a articulação palatal para produzir o /j/. As sílabas, sobretudo quando formam uma estrutura que combina consoante e vogal, como "pa", são muito mais fáceis de pronunciar.*

---

* Em inglês, as vogais costumam ter uma estrutura complexa. Em castelhano ou em italiano, em contraposição, é frequente a estrutura simples consoante-vogal, ainda mais comum em japonês. É por isso que para os japoneses é tão difícil pronunciar — quando necessário em outro idioma — uma sílaba terminada em consoante. Daí resulta que digam "aiscrimu" e "beisoboru" para referir-se respectivamente a *icecream* e *baseball*. E há também o caso que Alejandro Dolina recorda, aquela obra que nunca pôde ser lançada no Japão: "Los perros del Curro". [Historieta cômica que só faz sentido em castelhano. Pronunciada por um japonês ou um chinês, essa frase soaria como "Los pelos del culo", "os pelos do cu". Alejandro Dolina é um escritor, ator, apresentador de rádio e TV argentino. (N. T.)]

Em castelhano há uma correspondência precisa entre fonemas e letras, o que faz com que o código de leitura seja bastante transparente. Em contraposição, em inglês ou em francês isso não acontece, e o aprendiz de leitor tem que descobrir um código menos nítido que o obriga a ir até o final da palavra para saber como esta se pronuncia. Por isso, aprender a ler em castelhano é mais fácil do que em muitos outros idiomas.

A importância do componente expressivo da leitura costuma ser subestimada, em parte, talvez, porque podemos ler silenciosamente. Porém, ainda que leiamos *em voz baixa*, avançamos mais devagar quando as palavras são mais difíceis de pronunciar. Ou seja, pronunciamos internamente o texto lido, mesmo quando ele não se materializa em som.

Portanto, quem aprende a ler também está descobrindo como falar e como ouvir. Ao pronunciar "Paris", produzimos um jorro contínuo de som.* Pedir a quem não sabe ler que o decomponha em /p/ /a/ /r/ /i/ /s/ é como pretender que essa pessoa separe, em uma mistura de massa de modelar, as cores puras originais que a constituem. Impossível. De fato, as sílabas, e não os fonemas, são os tijolos naturais do som das palavras. Portanto, sem ter aprendido a ler fica muito difícil responder o que acontece se suprimirmos o "P" da palavra "Paris". Essa capacidade de dividir o som de uma palavra nos fonemas que a constituem chama-se consciência fonológica e não é dada, mas adquirida com a leitura.

A leitura treina a consciência fonológica porque, para reconhecer um fonema como um átomo constitutivo do discurso, é necessário que ele tenha uma etiqueta, um nome que o distinga e o transforme em um objeto próprio dentro desse jorro de som. Essas etiquetas são justamente o que as letras representativas de

---

* E de champanhe.

um fonema constituem. Portanto, uma parte imprescindível da leitura é descobrir os fonemas. De fato, muitas vezes — quase sempre — o problema que faz a leitura falhar não é visual, mas auditivo e fonológico. Ignorar o aspecto fonológico da leitura é uma das confusões mais frequentes no ensino.

A PALAVRA TRAVADA

A dislexia talvez seja o exemplo paradigmático de como a neurociência pode ser útil à educação. Em primeiro lugar, a investigação sobre o cérebro nos ajudou a entender que a dislexia pouco tem a ver com a motivação e a inteligência, mas resulta de uma dificuldade específica em regiões do cérebro que conectam a visão com a audição. O fato de a dislexia ter um componente biológico não implica que ela não seja recuperável ou reversível. Não é um estigma. Ao contrário, permite entender uma dificuldade constitutiva sobre a qual se pode construir e melhorar, reconhecendo a dificuldade particular que a aprendizagem da leitura pode significar para uma criança. Essa é a primeira lição importante que aprendemos com a observação do cérebro de crianças disléxicas.

Outro erro típico é pensar que o problema da dislexia reside nos olhos, quando a dificuldade maior costuma estar em reconhecer e pronunciar os fonemas; ou seja, no mundo do som. Essa descoberta permite fazer atividades simples e eficazes para melhorar o problema. Muitas vezes, a maneira de ajudar uma criança disléxica não é trabalhar com a visão, mas ensiná-la a desenvolver a consciência fonológica. Fazê-la escutar e perceber as diferenças entre "paris, aris, paris, aris...", por exemplo. De fato, esse jogo de pegar uma palavra e tirar-lhe um fonema é um excelente exercício de leitura: "Ah, não, um anão! Assola sola ola, la a".

A neurociência também pode ajudar a reconhecer a dislexia antes que seja tarde. Às vezes só se torna claro e evidente que uma criança tem uma dificuldade específica com a leitura quando já se passaram meses ou anos ricos e valiosos de sua experiência educativa. Com a dislexia ocorre o mesmo que em muitos outros domínios da medicina, nos quais a perspectiva pode mudar radicalmente com um diagnóstico precoce que permita intervir a tempo. Mas a própria evocação médica serve para perceber o óbvio: este é um tema muito delicado, em que é preciso ser especialmente prudente e cuidadoso. Fica clara a vantagem do diagnóstico precoce, mas o risco da estigmatização e a profecia autocumprida também são evidentes.

Essa decisão se torna particularmente difícil porque esse conhecimento é probabilístico: não se pode prever com certeza: pode-se apenas inferir uma predisposição. O que deveríamos fazer com essa informação? Evidentemente, trata-se de uma decisão que excede a neurociência. Pensemos por um momento em um exemplo mais conciso, a surdez congênita. Sem a intervenção da ciência, o diagnóstico de surdez é tardio porque, durante os primeiros dias de vida, o fato de um bebê não reagir aos sons pode passar despercebido. Com um diagnóstico precoce, porém, seria possível começar a empregar uma linguagem gestual, de símbolos, e, essencialmente, o bebê com surdez cresceria em um ambiente de maior compreensão. Seria um mundo menos amplo e alheio. Na verdade, isso já mudou radicalmente. Assim que nascem, os bebês são submetidos a um teste acústico que indica as probabilidades de que tenham alguma disfunção auditiva. Com um diagnóstico precoce de possível surdez, os pais podem ficar atentos a esses aspectos e melhorar o desenvolvimento social dos filhos. Algo não muito diferente ocorre com a dislexia; a resposta cerebral aos fonemas — com um ano de vida, muito antes de começar a ler — é indicativa da dificuldade na aprendizagem da leitura.

O assunto é tão sensível e delicado que uma possibilidade tentadora é simplesmente negá-lo. Mas ignorar essa informação também é uma forma de decidir. As decisões por default — não fazer nada — são mais cômodas, porém não conferem menor responsabilidade. Creio que essa informação deve ser utilizada cuidadosa e respeitosamente, sem estigmatizar; para os pais e os educadores, é bom saber se uma criança tem uma probabilidade significativa de encontrar dificuldades no processo de leitura. Isso permitirá dar a ela a oportunidade de fazer exercícios fonológicos, divertidos e completamente inócuos, que permitam reverter, no ponto de partida, uma dificuldade de aprender a ler. Para que arranquem, no primeiro grau, com as mesmas liberdades e possibilidades que o resto de seus colegas.

Em resumo:

1) Não se pode ler sem pronunciar.
2) A consciência fonológica, que tem a ver com o som e não com a visão, é um tijolo fundamental da leitura.
3) Nessa habilidade, há muita variabilidade inicial — antes de começarem a ler, muitas crianças já têm uma configuração do sistema auditivo que separa fonemas naturalmente, ao passo que outras os têm mais misturados.
4) As crianças que têm baixa resolução no sistema fonológico mostram uma predisposição à dislexia.
5) Com atividades inócuas e divertidas, simplesmente com jogos de palavras, pode-se estimular o sistema de consciência fonológica aos dois ou três anos, antes de iniciar a leitura, para que essa criança, quando começar a ler, não o faça em desvantagem.

O estudo do desenvolvimento da leitura é um dos casos mais contundentes da maneira como a pesquisa sobre o cérebro humano pode ser útil à prática educativa. Está no âmago da intenção deste livro explorar como esse exercício reflexivo da ciência pode ajudar a entender-nos e comunicar-nos melhor.

O QUE TEMOS DE DESAPRENDER

Sócrates questionou o que o senso comum sugere, ou seja, que aprender consiste em adquirir novos conhecimentos. Afirmou, em vez disso, que se trata de reorganizar e evocar conhecimento de que já dispomos. Vou propor agora uma hipótese ainda mais radical sobre a aprendizagem entendida como um processo de edição, e não de escrita. Às vezes, aprender é perder conhecimento. Aprender é também esquecer. Apagar coisas que ocupam lugar inutilmente e outras que, pior ainda, entorpecem o pensamento.

Pensemos um exemplo simples: para esquecer uma lembrança nociva e tóxica, é preciso aprender a se desfazer de um conhecimento próprio. E isso, claro, não é fácil. Veremos agora um exemplo mais específico da prática educativa. As crianças, quando começam a escrever, costumam intercalar letras a torto e a direito. Às vezes escrevem uma palavra, ou até uma frase inteira, em espelho. Isso passa despercebido, como uma espécie de bobagem momentânea. Mas, na realidade, é uma proeza extraordinária. Em primeiro lugar, porque jamais ensinaram as crianças a escrever as letras ao contrário. Elas aprenderam sozinhas. Em segundo lugar, porque escrever em espelho é muito difícil. De fato, procure escrever uma frase inteiramente ao contrário, como faz uma criança com toda a naturalidade. Os calouros da escrita têm que desaprender essa capacidade fenomenal.

Por que acontece essa trajetória tão particular no desenvolvimento da escrita? O que isso nos ensina sobre como funciona o cérebro? A função do sistema visual é transformar imagens em objetos. Mas, como os objetos giram e rodam, pouco importa ao sistema visual a orientação na qual estão. Uma xícara é a mesma em qualquer orientação. As pouquíssimas exceções a essa regra são certas invenções da cultura: as letras. O "p" refletido já não é um "p", mas um "q". E, se o refletirmos de baixo para cima, ele se torna um "d", mas, se voltarmos a refleti-lo, agora da esquerda para a direita, ele se transforma em um "b". Quatro espelhos, quatro letras diferentes. Os alfabetos herdam os mesmos fragmentos e segmentos do mundo visual, mas a simetria é uma exceção. O reflexo de uma letra não é a mesma letra. Isso é atípico e antinatural para nosso sistema visual.

De fato, temos uma memória muito ruim para a configuração particular de um objeto. Por exemplo, quase todo mundo recorda que a Estátua da Liberdade fica em Nova York, que é meio esverdeada, que tem uma coroa e uma mão levantada segurando uma tocha. Mas a mão levantada é a esquerda ou a direita? Isso, quase ninguém recorda, e quem acredita fazê-lo muitas vezes se confunde. E para qual lado olha a Mona Lisa? Qual era *a mão de Deus*, a direita ou a esquerda de Maradona?

Esquecer esse detalhe particular faz sentido, já que o sistema visual deve ignorar ativamente essas diferenças para identificar que todos os reflexos, as rotações e as translações de um objeto são o próprio objeto.* O sistema visual humano desenvolveu

---

* Jorge Luis Borges expressa isso clara e sinteticamente em *Funes, o memorioso*. "Não só lhe custava compreender que o símbolo genérico cachorro abarcasse tantos indivíduos díspares de diversos tamanhos e forma diversa; incomodava-o que o cão das três e catorze (visto de perfil) tivesse o mesmo nome que o cão das três e quinze (visto de frente). Seu próprio rosto no espelho, suas próprias

uma função que nos distingue de Funes, o Memorioso, e nos faz entender que um cão visto de perfil e de frente é o mesmo cão. Esse circuito tão eficiente é ancestral. Funciona no cérebro antes de dispormos de colégios e alfabetos. Depois, na história da humanidade, apareceram alfabetos que impuseram essa convenção cultural que vai na contracorrente do modo natural de funcionamento do sistema visual. Nessa convenção, o "p" e o "q" são coisas diferentes.

Quem começa a aprender a ler funciona de acordo com um default que é dado pelo sistema visual, em que o "p" é igual ao "q". Portanto, o aprendiz os confunde naturalmente, tanto na leitura quanto na escrita. E parte do processo de aprendizagem implica livrar-se de uma predisposição, erradicar um vício. De fato, já vimos que o cérebro não é uma tábula rasa na qual se escreve novo conhecimento. Como acabamos de ver no caso da leitura, algumas formas espontâneas de funcionamento podem resultar em dificuldades idiossincráticas na aprendizagem.

A MOLDURA DO PENSAMENTO

Desde o dia em que nascemos, o cérebro já forma construções conceituais sofisticadas, como a noção de número, a noção do que é um objeto e até a da moral. Nessas gavetas conceituais enraizamos nossa reconstituição da realidade. Quando escutamos uma história, não a gravamos palavra por palavra, mas a reconstruímos na linguagem própria do pensamento, algo como a brincadeira do "telefone sem fio", que ocorre dentro de cada um de nós. Por

---

mãos o surpreendiam a cada vez [...]. Desconfio, porém, que ele não era muito capaz de pensar. Pensar é esquecer diferenças, é generalizar, abstrair."

isso, naturalmente, várias pessoas saem do cinema com um relato diferente cada uma. Somos os roteiristas, diretores e editores do enredo de nossa própria realidade.

Isso tem grande pertinência no âmbito educacional. Em uma aula sucede o mesmo que com um filme: cada aluno a reconstrói em sua própria linguagem. O processo de aprendizagem é uma espécie de encontro entre aquilo que nos apresentam e a predisposição para assimilá-lo. O cérebro não é uma folha em branco sobre a qual se escrevem coisas, mas uma superfície rugosa na qual certas formas se engastam bem e outras não. Essa é a melhor metáfora para a aprendizagem. Uma espécie de problema de encaixe. Como no caso da simetria, um código no qual um objeto é diferente de sua imagem especular traz problemas porque não combina com o tipo de encaixe para o qual o cérebro está preparado. Isso transcende todos os domínios.

Um dos exemplos mais primorosos é justamente a representação do mundo. A psicóloga cognitiva grega Stella Vosniadou estudou minuciosamente milhares e milhares de desenhos para descobrir como muda a representação da Terra que uma criança faz para si mesma. Em algum momento de sua história educativa, as crianças são apresentadas a uma ideia absurda: o mundo é redondo. A ideia é ridícula, sem dúvida, porque toda a evidência factual acumulada no transcurso da vida indica-lhes o contrário.*

Para entender que o mundo é redondo é preciso desaprender algo muito natural, formado a partir da experiência sensorial: o mundo é plano. E, quando entendemos que o mundo é redondo, começam outros problemas. E os habitantes da China, do outro lado do mundo, por que não caem? Aqui, a gravidade começa a

---

* John Lennon sabia algo a respeito... "*Because the world is round it turns me on*".

fazer seu trabalho, mantendo todo mundo grudado à Terra. Mas isso, por sua vez, traz novos problemas: por que o mundo não cai, se está flutuando no meio do espaço?

As revoluções conceituais ao longo de nossa vida emulam em certa medida o desenvolvimento na história da cultura. A criança que escuta, atônita, quando lhe dizem que o mundo é redondo replica a moldura conceitual da rainha Isabel quando Colombo lhe propôs sua viagem.* Assim é que o problema de flutuação da Terra no meio do nada se resolve na tenra infância como o fez tantas vezes a cultura humana em sua longa história: recorrendo a tartarugas ou elefantes gigantes que a sustentam. Para além da fábula, o interessante é como cada indivíduo tem que encontrar soluções para fechar uma construção de acordo com a moldura conceitual em que se encontra. Um físico experiente pode entender que o mundo está girando, que tem inércia, que na realidade está em um equilíbrio orbital, mas isso é inacessível para uma criança de oito anos que precisa resolver, com os argumentos de que dispõe, por que o mundo não despenca.

Para um professor na sala de aula, um pai ou um amigo, é muito útil saber que quem aprende assimila a informação em uma moldura conceitual muito diferente da sua. A pedagogia se torna muito mais eficaz quando a pessoa entende isso. Não se trata simplesmente de falar de maneira acessível, mas de traduzir

---

* O mais provável é que esse diálogo jamais tenha acontecido. É um mito inventado na modernidade, esse de que todos os medievais acreditavam que a Terra era plana. Aristóteles já havia provado que a Terra era esférica, e todos aceitavam isso (Eratóstenes até mediu o tamanho dela). Era algo que qualquer pessoa medieval e moderna medianamente culta sabia. É um invento moderno incrivelmente difundido, esse de ter sido Colombo, o audaz, que quis provar a esfericidade da Terra. Essa história está relatada em *Inventing the Flat Earth: Columbus and Modern Historians*, de J. Russell (Nova York: Praeger, 1997).

o que se sabe para outra linguagem, outra forma de pensar. Por isso, paradoxalmente, ocorre que o ensino às vezes melhora quando o professor é outro aluno que compartilha a mesma moldura conceitual. Outras vezes, o melhor tradutor é a própria pessoa.

■ Com os matemáticos Fernando Chorny, Pablo Coll e Laura Pezzatti, fizemos um ensaio extremamente simples, mas que demonstrou ser de grande relevância na prática educativa. Propusemos um problema matemático a centenas de alunos que se preparavam para um exame de seleção e os dividimos em dois grupos. Os primeiros simplesmente resolveram o problema, como em qualquer exame. Aos segundos pediu-se algo mais: tinham que reescrever o enunciado.
De certo ponto de vista, ao segundo grupo acrescentou-se um transtorno que lhe tirou tempo, força e concentração. Mas, sob a perspectiva que esboçamos aqui, seus integrantes foram incitados a fazer algo importantíssimo para a aprendizagem: traduzir aquele enunciado para sua própria linguagem e somente depois de traduzi-lo tratar de resolvê-lo.* A mudança

---

* O enunciado era este. Você pode experimentar reescrevê-lo e verá quão mais fácil se torna a resolução. "Um edifício tem seus andares numerados de 0 a 25. O elevador do edifício só tem dois botões, um amarelo e um verde. Apertando-se o botão amarelo, ele sobe nove andares; apertando-se o botão verde, desce sete andares. Se o botão amarelo for apertado quando não há andares suficientes acima, o elevador não se move, e o mesmo acontece quando se aperta o botão verde e não há andares suficientes abaixo. Escreva uma sequência de botões que permita a uma pessoa ir do andar 0 ao 11º fazendo subir o elevador." E esta é minha tradução, escrita quase em código, com a qual me fica muito mais fácil resolver a questão sem saturar inutilmente o buffer de memória:
Elevador: sobe nove ou desce sete
Edifício: 25 andares
Não é possível atravessar o teto ou o piso.
Como ir de 0 a 11?

foi espetacular: os que reescreveram o enunciado melhoraram quase cem por cento em relação àqueles que resolveram o problema diretamente, tal como o havíamos redigido.

Agora mergulhamos no mundo da geometria visto pela ótica de uma criança para descobrir que o processo de escrever os conceitos na linguagem própria vai muito além do mundo das palavras.

PARALELA, COMO ASSIM?

"Equidistante de outra linha ou plano, de modo que, por mais que se prolonguem, não podem cortar-se." O paralelismo é, sem dúvida, um conceito extremamente difícil de explicar. Está repleto de termos abstratos: linha, plano, equidistante (muitas vezes apela-se também ao infinito para defini-lo). A própria palavra "paralelo" é bastante complicada de pronunciar. Quem simpatizaria com algo assim? Contudo, quando vemos duas retas que não são paralelas entre outras tantas que o são, isso salta à vista imediatamente. Em geral, o sistema visual forja intuições que nos permitem reconhecer conceitos geométricos muito antes que eles se consolidem em palavras.

Uma criança de três anos já pode distinguir duas linhas que não são paralelas entre muitas que o são. É possível que não consiga explicar o conceito, e muito menos nomeá-lo, mas ela entende que existe algo que as torna de outra espécie. O mesmo acontece com outros tantos conceitos geométricos: o ângulo reto, as figuras fechadas ou abertas, o número de lados de uma figura, a simetria, entre outros.

Há duas maneiras naturais de investigar aspectos universais que não foram forjados pela educação. Uma é observar as crianças antes que a cultura lhes deixe marcas, e a outra, fazendo uma espécie de antropologia do pensamento, ir a lugares onde a educação é muito diferente.

Uma das culturas mais estudadas para pesquisar o pensamento matemático é a dos mundurucus, no Brasil, na Amazônia profunda. Os mundurucus têm uma cultura milenar muito rica, com noções matemáticas muito diferentes das que herdamos dos gregos e dos árabes. Por exemplo, eles não têm palavras para a maioria dos números. Há uma palavra composta para referir-se ao um (*pug ma*), outra para o dois (*xep xep*), mais uma para o três (*ebapug*) e outra para o quatro (*ebadipdip*), e aí se acabam as palavras para os números. Em seguida existem as que se referem a quantidades aproximadas, como *pug pogbi* (um punhado), *adesu* (alguns) e *ade ma* (bastantes). Ou seja, eles têm uma linguagem na qual a matemática não se conjuga de maneira exata, mas aproximada. A linguagem tem a capacidade de separar *muito* de *pouco*, mas não a de determinar que nove menos dois são sete. Isso é inexprimível. Sete, trinta, quinze não existem na língua dos mundurucus.

A língua mundurucu tampouco é rica em termos geométricos abstratos. Serão também distintas as intuições geométricas nas comunidades mundurucus e em Boston? A resposta é não. A psicóloga Elizabeth Spelke descobriu que, quando os problemas geométricos são expressos de modo visual, prescindindo de signos orais, as crianças mundurucus e as de Boston os resolvem com resultados muito similares. E mais: o que é fácil para uma criança em Boston — por exemplo, reconhecer ângulos retos entre outros ângulos — também o é para uma criança mundurucu. O que é difícil para umas — por exemplo, reconhecer elementos simétricos entre os que não o são — também o é para as outras.

As intuições matemáticas são transversais a todas as culturas e se expressam desde a infância. A matemática é construída sobre intuições daquilo que vemos, o grande, o pequeno, o longínquo, o curvo, o reto, e sobre o espaço e o movimento. Em quase todas as culturas, os números se agregam em uma linha. Somar é deslocar-se ao longo dessa linha; diminuir, fazer o mesmo na outra direção. Muitas dessas intuições são inatas ou se desenvolvem espontaneamente, sem necessidade de qualquer instrução formal. Depois, é claro, sobre esse corpo de intuições já forjadas monta-se a educação formal. O que acontece com um adulto treinado durante anos em assuntos formais da geometria?

A educação funciona. Comparando adultos de Boston com adultos mundurucus, os primeiros resolvem problemas geométricos de maneira mais eficaz. Isso é quase uma obviedade, a mera confirmação de que, se alguém passar anos se treinando em um ofício, vai se aperfeiçoar. O mais interessante e revelador, porém, é o seguinte: com a educação nós nos tornamos melhores em todos os problemas, mas continua havendo uma ordem. Os problemas mais difíceis são aqueles cuja solução era impossível na infância.

Em síntese, quando uma pessoa descobre algo, analisa-o em função de sua própria moldura conceitual, que está carregada de intuições, algumas das quais sofrem revoluções; por exemplo, o modo como pensamos o mundo. Mas velhas concepções, que são intuitivas, persistem. E podemos ver até nos grandes pensadores um rastro dessa maneira infantil de resolver o problema. Aqueles problemas que, de saída, são pouco intuitivos persistem ao longo da educação como tediosos e difíceis de resolver. Entender esse corpo de intuições é um caminho natural para poder suavizar o caminho pedagógico.

## OS GESTOS E AS PALAVRAS

Anteriormente, descrevi a aprendizagem como um processo de transferência do raciocínio para o córtex visual a fim de torná-lo paralelo, rápido e eficiente. Agora, vejamos o processo inverso: deslocar intuições visuais quase inatas para o plano dos símbolos a fim de poder manipular essas ideias com todo o arsenal de recursos da linguagem dos algarismos.

A criança capaz de detectar, entre muitas retas, a única que não é paralela pode explicar por que esta é estranha? Pode, em uma réplica socrática, esboçar por si mesma o conceito de paralelismo?

Com Liz Spelke e Cecilia Calero, estudei como as intuições geométricas se transformam em regras e palavras. Nossa conjectura era de que a aquisição de conhecimento tem duas etapas. A primeira é um palpite; o corpo conhece a resposta mas não pode expressá-la em forma de palavras. Somente em uma segunda etapa as razões se tornam explícitas e se transformam em regras descritíveis à própria pessoa e aos outros. Tínhamos mais uma conjectura, concebida no deserto de Atacama, onde Susan Goldin-Meadow, uma das grandes pesquisadoras do desenvolvimento da cognição humana, nos contou extraordinários resultados obtidos após reexaminar um velho exercício de Jean Piaget.

■ No experimento do psicólogo suíço, uma criança via duas fileiras de pedras e devia decidir qual das duas tinha mais componentes. O estratagema consistia em que, embora ambas as fileiras contassem com a mesma quantidade de pedras, em uma delas estas estavam mais espaçadas. As crianças de seis anos, incitadas por uma das tantas intuições ubíquas em nossa forma de pensar, confundem comprimento com quantidade e, sistematicamente, escolhem a fila mais longa.

Sobre esse experimento clássico e belo por sua simplicidade e contundência, Susan fez uma descoberta sutil e importante; um desses exercícios detetivescos de encontrar algo que era evidente aos olhos de qualquer um que o examinasse com atenção. Descobriu que, embora todas as crianças respondam que há mais pedras na fileira mais longa, com os gestos elas expressam coisas diferentes. Algumas estendem os braços, denotando assim que uma das fileiras é muito mais longa. Outras, em contraposição, movem as mãos estabelecendo uma correspondência entre as pedras em cada fileira. Essas crianças, que estão contando com as mãos, descobriram a essência do problema. Não podem fazer bom uso verbal desse conhecimento, mas o expressam com os gestos. Para essas crianças, a fábula de Sócrates é de fato válida. O professor só tem que ajudá-las a expressar o conhecimento que elas já têm. Esse achado continua em uma descoberta aplicada: os professores que utilizam essa informação ensinam muito melhor.

Dessa forma, Susan descobriu que os gestos e as palavras contam histórias diferentes. Decidimos então explorar como as crianças expressam seu conhecimento geométrico em três canais diferentes: as escolhas, as explicações e os gestos.

■ Em nosso experimento, as crianças deviam escolher entre seis fichas de papel qual era o *convidado estranho*, a única ficha que não compartilhava com as outras uma propriedade geométrica. Por exemplo, cinco delas traziam desenhadas duas retas paralelas e a outra, duas retas oblíquas, em forma de V. Mais da metade das crianças de menos de quatro anos optou pela única ficha cujas retas não eram paralelas. As outras crianças escolheram erroneamente, mas não ao acaso.

Algumas escolheram a ficha que tinha a maior separação entre as duas retas. Ou a que tinha as retas mais longas. Ou seja, colocavam o foco em uma dimensão irrelevante do problema. A maioria dessas crianças explicava sua escolha de maneira consistente, utilizando palavras relativas ao tamanho. As ações e as palavras eram coerentes. Contudo, as mãos contavam uma história completamente diferente. As crianças as moviam desenhando uma cunha e depois representando retas paralelas. Ou seja, as mãos expressavam claramente que elas haviam descoberto a regra geométrica pertinente. Digamos que, caso se tratasse de um exame, a resposta escolhida não as faria passar de ano, mas as mãos seriam aprovadas com folga.

O corpo é um consórcio de expressões. A palavra representa um pequeno fragmento daquilo que conhecemos. De certa maneira, aprender é navegar eficientemente no vaivém entre as intuições, os gestos e as vozes. Entre o conhecimento implícito e o explícito.

## BEM, MAL, SIM, NÃO, BOM

Para descobrir o conhecimento explícito de uma criança, isto é, o quanto ela sabe de seu próprio conhecimento, basta lhe pedir que explique por que escolheu algo. Acontece, porém, que o método tem um problema evidenciado por Luis Pescetti em uma de suas canções, na qual o pai faz uma longa série de perguntas ao filho. Todas obtêm a mesma resposta: sim e nada. Isso, claro, não implica que a criança não conheça as respostas, mas testemunha sua falta de vontade para responder. A melhor maneira de investigar a vida mental de uma criança não é através da indagação direta, nem na vida real nem na arena das experiências.

Explorando diferentes procedimentos para investigar o que uma criança conhece, percebemos que o melhor é não lhe perguntar nada, mas simplesmente deixá-la falar. Isso revela um princípio importante do ser social: nada tem sentido próprio, apenas adquirindo-o no momento em que a pessoa pode compartilhá-lo. A necessidade de compartilhar e comunicar é uma espécie de predisposição muito natural. Por isso, para conhecer a paisagem mental do outro, não é o caso de perguntar nada, mas colocá-lo em uma situação na qual naturalmente ele queira expressar e compartilhar o conhecimento próprio.

O que começou como um recurso técnico para investigar o conhecimento explícito revelou algo muito mais interessante, pois descobrimos que as crianças têm uma espécie de *instinto docente*. São professores naturais. Uma criança com algum tipo de conhecimento tem uma propensão muito forte a compartilhá-lo.

O INSTINTO DOCENTE

Antonio Battro estudou com Piaget em Genebra. Com o tempo, chegou a se tornar o porta-voz da transformação tecnológica das salas de aula em países como Nicarágua, Uruguai, Peru e Etiópia. Justamente quando explorávamos a vocação inata das crianças para difundir seus conhecimentos, Antonio chegou ao nosso laboratório em Buenos Aires com uma ideia que transformaria nosso trabalho: clamou que era absurdo que toda a neurociência se dedicasse a estudar como o cérebro aprende e ignorasse solenemente como ele ensina. E argumentou que isso era particularmente estranho porque a capacidade de ensinar nos distingue como espécie, nos faz humanos. É, em última análise, a semente de toda a cultura.

Nós compartilhamos a capacidade de aprender com todos os outros animais, inclusive com o *Caenorhabditis elegans*, um verme de menos de um milímetro de comprimento, ou a lesma-do-mar *Aplysia*, com a qual o prêmio Nobel Eric Kandel descobriu a mecânica molecular e celular da memória. Mas temos algo distintivo e particular que viraliza e propaga o conhecimento, pois quem aprende tem a capacidade de transmiti-lo. Não é um processo passivo de assimilação de conhecimento. A cultura viaja como um vírus altamente contagioso.

Nossa hipótese: essa voracidade por compartilhar conhecimento é uma pulsão inata, como beber, comer ou buscar prazer. Para sermos mais precisos, trata-se de um programa que se desenvolve naturalmente, sem necessidade de ser ensinado ou treinado de maneira explícita. Todos ensinamos, mesmo quando ninguém nunca nos ensinou a fazê-lo. Então, é algo idiossincrático do ser humano, e que nos define como seres sociais. Assim como Chomsky sugeriu que temos um instinto para a linguagem, eu e meu admirado colega e amigo Sidney Strauss emulamos essa ideia ao propor que todos temos um instinto docente. O cérebro está predisposto a difundir e compartilhar o conhecimento. Essa hipótese se constrói sobre duas premissas.

## 1) *Protomestres*

Muito antes de falar, as crianças se comunicam, choram, pedem, declamam, reclamam. Mas será que podem comunicar ao outro informação útil per se, com o único objetivo de remediar uma brecha de conhecimento? Será que podem, antes de começar a falar, exercer o ofício da pedagogia?

- Ulf Liskowski e Michael Tomasello conceberam um jogo engenhoso para responder a essas perguntas. À plena vista de uma criança de um ano, um ator deixava um objeto cair de uma mesa. A cena era construída de tal maneira que a criança via onde caía o objeto, mas o ator, não. Depois o ator procurava o objeto com esmero e sem sucesso. Os pequeninos agiam espontaneamente como se reconhecessem uma brecha de conhecimento e quisessem remediá-la. E o faziam com o único recurso disponível, já que ainda não falavam: apontando para o lugar onde estava o objeto. Isso poderia ser um mero automatismo. O elemento mais revelador desse experimento, porém, foi que, se na cena ficasse claro que o ator sabia onde caíra o objeto, então as criancinhas de um ano já não o apontavam.

Isso é quase pedagogia, na medida em que:

1) A criança não ganha nada (evidente) com isso.
2) Denota a percepção clara e precisa de uma brecha de conhecimento.
3) Não é um automatismo, mas expressa uma ação específica para transmitir conhecimento ao outro quando este não o tem.

Em algum sentido, as crianças têm uma perspectiva econômica do conhecimento; isto é, só vale a pena o esforço de transmiti-lo quando ele é útil para o outro.

O que falta à transmissão de conhecimento para ser uma forma de ensino pleno é que ela emancipe o aluno. Digamos que, nesse caso, demonstra-se um evento particular, mas o bebê — mesquinho, ele — não ensina o ator como fazer para encontrar o objeto quando este cai outra vez.

Embora ainda não sejam classes abstratas, essas demonstrações podem ser muito sofisticadas. Antes de começarem a falar, as crianças podem intervir de forma proativa, advertindo um ator quando antecipam que ele vai cometer um erro. Ou seja, tentam fechar a brecha comunicacional inclusive sobre ações que elas pressupõem, mas que ainda não se verificaram. Essa capacidade de prever as ações do outro e agir de acordo está no epicentro do ensino e se expressa até mesmo antes que um bebê comece a falar e a andar.

## 2) As crianças não são naturalmente mestres efetivos

Quando éramos pequenos, ninguém nos ensinou a ensinar. Não frequentamos, é claro, formações docentes ou oficinas de pedagogia. Mas, se de fato temos um instinto docente, deveríamos ensinar de maneira natural e eficaz. Ao menos quando crianças, antes que esse instinto se atrofie. Aqui surge um problema: a qualidade de um professor parece ser um assunto subjetivo. Além disso, depende de quanto ele conhece sobre aquilo que está ensinando. Como se tornar independente desses fatores para saber se uma criança comunica de maneira efetiva? A resposta a essa pergunta é que convém observar os gestos, e não as palavras. O não dito é mais importante do que o dito.

Esse argumento tem duas partes. Primeira: a mensagem, quando é comunicada em um canal específico da gestualidade humana, chamado ostensão, se transmite de modo mais eficiente, com independência do conteúdo que expressa; segunda: quando contam algo relevante, as crianças utilizam espontaneamente esse canal que usurpa a atenção e a sensibilidade do receptor.

Existem aspectos universais da comunicação humana. Para além das palavras, da semântica e do conteúdo, uma das virtudes dos discursos efetivos — como os dos grandes líderes da história — é que funcionam em uma chave ostensiva. A comunicação ostensiva, um conceito visitado e revisitado por filósofos e semiólogos como Ludwig Wittgenstein ou Umberto Eco, refere-se à capacidade de gestualizar o discurso para despojá-lo de palavras tanto quanto possível. Utiliza uma chave compartilhada — implicitamente — por aquele que fala e por quem escuta. Se levantarmos a mão com o saleiro e perguntarmos a outra pessoa: "Quer?", não é preciso referir-se ao que ela pode querer. É o sal. Trata-se de uma dança precisa de gestos e palavras, que sucede em uma fração de segundos sem que sequer saibamos que estamos dançando. Um robô versado na linguagem perguntaria: "Perdão, o que o senhor quer saber se eu quero ou não quero?".

A chave mais simples é apontar. Um diz: "Este", e aponta, e o outro entende o que essa palavra e essa mão indicam. É a economia do discurso. Um macaco, capaz de fazer uma infinidade de coisas sofisticadas, não compreende esse código que para nós é tão simples precisamente porque parece ser exclusivo dos seres humanos. É uma maneira de nos relacionarmos que nos define, que nos constitui.

A ostensão resolve também a atenção à própria linguagem. Pedro conta algo a Juan, que, em um mar de distrações, alterna a atenção que lhe presta. Seria uma catástrofe se, justamente no momento em que Pedro conta o essencial de sua mensagem, Juan estivesse distraído. Para evitar isso, é preciso envolver o discurso com prosódia, gestos e sinais que são marcadores ostensivos.

Quase todos esses gestos são bastante naturais. O primeiro é fitar nos olhos e dirigir-se corporalmente à outra pessoa. Se toda a intenção do corpo aponta para o receptor, isso é uma espécie de ímã atencional do qual fica mais difícil se livrar do que se alguém estiver falando cabisbaixo ou olhando para outro lado. Dirigir o corpo àquele que escuta é como um ponto de exclamação que se abre: "O que vem a partir daqui é importante". Outras chaves ostensivas são dizer o nome do receptor, levantar as sobrancelhas ou mudar o tom de voz. Tudo isso constitui um sistema de gestos, muitos dos quais reconhecemos como naturais, mas que nunca nos foram ensinados e que ditam a eficiência com que uma mensagem é comunicada.* Podemos pensá-lo como um canal de comunicação. A transmissão da mensagem é efetiva se sintonizarmos bem esse canal, e se torna ruidosa, confusa ou deficiente se não encontrarmos a frequência exata desse canal natural da comunicação humana.

Os húngaros Gergely Csibra e György Gergely** descobriram que o canal ostensivo de comunicação humana é efetivo desde o próprio momento em que nascemos. Um bebê com dias de vida aprende de maneira muito distinta — não se trata unicamente de aprender *mais* — se falarmos com ele olhando-o, mudando o tom de voz, chamando-o pelo nome ou apontando para objetos relevantes.

Quando uma mensagem é comunicada de maneira ostensiva, o receptor pensa que aquilo que aprendeu tem certa generalidade, vai além do caso pontual que está sendo demonstrado. Quando dizemos a um bebê, sem ostensão, que um objeto é um lápis, ele

---

* A demonstração mais espetacular de que esses gestos são expressados sem que seja necessário aprendê-los talvez seja o fato de que os cegos congênitos os utilizam, ainda que, em muitos casos, nunca os tenham percebido através de outras modalidades sensoriais.
** É estupendo que esses dois extraordinários pesquisadores húngaros, que revelaram os mistérios da comunicação humana, tenham esta comunhão: que o sobrenome de um seja o nome do outro. Falta-nos o disco de Miguel Mateos com Luis Miguel. E o do trio, impossível a esta altura, Boy George, George Michael e Michael Jackson.

assume isso como uma descrição de um objeto específico. Em contraposição, quando dizemos o mesmo de forma ostensiva, o bebê entende que essa explicação se refere a toda uma classe de coisas à qual esta, em particular, pertence.

- Por sua vez, quando uma mensagem é comunicada ostensivamente, o receptor pensa que o tema ensinado está completo, que a aula terminou. Em um experimento que ilustra isso, um professor mostra a uma criança um dos muitos usos de um brinquedo. Em um caso, essa demonstração se conclui de modo ostensivo, com um gesto que indica claramente que terminou. Em outro caso, após a demonstração, o professor sai abruptamente, como se o chamassem para outra tarefa.
Em ambos os casos, as crianças viram e foi-lhes ensinada a mesma coisa, mas suas respostas são muito diferentes. No primeiro, as crianças não exploram outros usos do brinquedo, denotando entender que a aula foi completa. Na segunda condição, exploram espontaneamente outras funções, mostrando entender que somente um fragmento da realidade lhes foi explicado.

Aos seis anos, as crianças avaliam com grande precisão, a partir de chaves ostensivas, a qualidade da informação que recebem de um professor. Quando têm razões para duvidar da confiabilidade deste — por exemplo, por falta de ostensão —, investigam mais além do que lhes foi mostrado. A aprendizagem não depende somente do conteúdo da mensagem, então, mas também da confiabilidade de quem comunica. Isso também revela um paradoxo da educação: os bons professores transmitem completude e, assim, inibem a busca e a exploração do aluno.

Gergely e Csibra denominaram como pedagogia natural esse código implícito para compartilhar e assimilar informação. Ou seja, a ostensão é uma forma natural e inata de compreender o que é pertinente e relevante. Isso possibilita descobrir regras em um mundo de informação tão vasto e tão ambíguo como o nosso. Aqui se radica algo essencial da intuição e da compreensão humanas, algo muito difícil de emular e que explica a aparente vagareza com a qual aprendem os autômatos que desenhamos.

Essa viagem ao longo dos fundamentos da comunicação humana nos serviu para abordar a pergunta que esboçamos antes. Para saber se as crianças são objetivamente bons mestres, basta nos perguntarmos se são ostensivas, se no momento em que comunicam algo importante o fazem levantando as sobrancelhas, dizendo o nome do outro ou dirigindo o corpo, utilizando todo o arsenal de chaves ostensivas que levarão quem está do outro lado a lhes dar ouvidos e achar que a informação transmitida é completa e confiável. E isso acontece independentemente de a transmissão ser boa ou ruim; depende de quanto elas conhecem do tema, e não de quão bem ensinam. É uma maneira implícita e precisa de nos perguntarmos se elas têm intuições formadas sobre os canais efetivos da comunicação humana. O caminho estava aberto, mas faltava-nos percorrê-lo. E foi isso que Cecilia Calero e eu nos propusemos.

■ Essa viagem envolvia um arranjo relativamente simples, cuja originalidade consistia em colocar as crianças no lugar dos docentes. Uma criança aprendia algo, que podia ser um jogo, um conceito matemático, um universo com suas próprias regras ou fragmentos de uma nova linguagem. Depois entrava em cena uma segunda pessoa que não tinha esse conhecimento. Nesse ponto, começamos a observar. Em alguns casos estudamos a propensão da criança a ensinar ao aprendiz. Em outros, o aprendiz pedia ajuda, e estudamos o quê, como e quanto o outro lhe ensinava.

Descobrimos que as crianças naturalmente ensinam com entusiasmo e verborragia. Sorriem e se divertem ensinando. Nas centenas de atividades que Cecilia desenvolveu, em várias ocasiões as crianças quiseram interrompê-las — e assim se fez — enquanto estavam aprendendo. Mas não houve uma só criança que não quisesse ensinar.

Durante a aula que a criança dava ao aprendiz, houve momentos de distintas pertinências. Alguns eram irrelevantes para o intercâmbio. Por exemplo, a criança contava a ele algo sobre sua irmã, ou que tinha chovido, ou que fazia calor (o tempo é essa espécie de curinga da comunicação humana). Em outros, transmitia-lhe conteúdo relevante do jogo que queria ensinar, sua lógica, sua estratégia. E, especificamente nesse momento, a criança disparava uma rajada de chaves ostensivas. Todo um desdobramento de gestualidade que denotava o fato de que ela sabia como devia ensinar para capturar os canais mais sensíveis do aprendiz.

- A lista de chaves ostensivas incluía olhar, levantar as sobrancelhas, apontar ou fazer referência a um objeto no espaço ou mudar o tom de voz. Além disso, Cecilia descobriu um imprevisto. Nós o tínhamos observado em nossos primeiros experimentos, mas às vezes nos acontece camuflar nossa própria descoberta. Víamos que as crianças, quando ensinavam, se moviam e se levantavam das cadeiras. Nós, de nosso lugar de experimentadores, pedíamos que se sentassem para evitar perder na bagunça a capacidade de detectar os gestos ostensivos. E assim perdemos a possibilidade de fazer uma descoberta que só compreendemos um tempo depois. Quando não tentávamos organizar e deixávamos que as coisas seguissem seu curso natural, descobrimos que todas as crianças, incontestavelmente, se levantavam no momento em que estavam ensinando. Nenhuma ensinava sentada. Levantavam-se e começavam a se movimentar para todos os lados. Ainda temos que discernir se isso tem a ver com um gesto ostensivo para marcar o fluxo de conhecimento — isto é: "Estou acima porque quem sabe sou eu" — ou se, em vez disso, tem a ver com uma questão de excitação irrefreável por causa da vertigem do ato de ensinar.

■ Em um dos experimentos feitos por Cecilia, as crianças — entre dois e sete anos — tinham que ensinar a um adulto uma regra muito simples. Um macaco cheirava flores, e era preciso descobrir quais o faziam espirrar. A única dificuldade era que as flores nem sempre eram apresentadas uma a uma. Mas o jogo era suficientemente simples para que uma criança de dois anos o resolvesse com rapidez. Depois disso, vinha um adulto e o resolvia mal. As crianças achavam isso muito engraçado. De fato, simular a incompreensão é uma brincadeira típica entre adultos e crianças.
A grande maioria das crianças atuava ensinando ao adulto as ferramentas para resolver o problema. Mas algumas, em menor número, diziam algo do tipo: "Quando lhe mostrarem uma flor, olhe para mim. Se for a que faz o macaco espirrar, eu pisco o olho pra você. Se não for, levanto a sobrancelha". Estavam trapaceando, propondo ao adulto um estratagema para lhe dar a dica. Por um lado, isso mostra a esperteza, a gênese da astúcia educativa. Mas também revela um pensamento profundo, que é fundamental na pedagogia. Em certo momento, o docente precisa deter sua aula, se considerar que o aluno não está preparado para receber aquela instrução. Onde, quando e como fazer isso é um dos problemas mais delicados da pedagogia. De certo modo, essas crianças de sete anos o

resolvem ao propor uma solução baseada em sinais do jogo de truco — uma cola bastante instrutiva — em vez de explicá-lo. Denota que, se um adulto é incapaz de fazer algo tão simples, não vale a pena lhe ensinar. Abandonam a pedagogia.*

## ESPIGAS DA CULTURA

Explorando quando e o que ensinamos, descobrimos que na infância fomos professores vorazes, entusiastas e eficientes. Falta-nos a pergunta de mais difícil resolução: por que ensinamos? Por que investimos tempo e esforço compartilhando conhecimento com os outros? O *porquê* do comportamento humano encerra quase sempre uma infinidade de perguntas e respostas.

Tomemos um exemplo aparentemente muito mais simples: por que bebemos água? Pense que essa é a pergunta de uma criança que irá até o fim dos *porquês*. Podemos dar uma resposta utilitária: o corpo precisa de água para funcionar. Mas ninguém bebe água porque entende essa premissa; fazemos isso porque sentimos sede. Então, por que sentimos sede? De onde sai o desejo que nos leva a nos mover e buscar água? Podemos propor uma resposta sob a lupa biológica: no cérebro há um circuito que, quando detecta que o corpo está desidratado, vincula o motor da motivação (a dopamina) com a água. Mas isso somente transfere a pergunta: por que temos esse circuito? E essa cachoeira de perguntas sempre termina em um argumento sobre a história evolutiva.

* Ironicamente, em inglês, ensinar (*teaching*) e trapaça (*cheating*) são anagramas. Existe uma versão argentina desse anagrama: Sarmiento (*teaching*) e mentirosa (*cheating*). [Sem dúvida o autor alude aqui à obra *Sarmiento: Mentirosa es su historia*, em que Miguel Angel Lentino questiona a fama heroica de Domingo Faustino Sarmiento, presidente da Argentina de 1868 a 1874. (N. T.)]

Se esse mecanismo não existisse e não sentíssemos o desejo de beber quando ao corpo falta água, morreríamos de sede. E, por conseguinte, não estaríamos hoje aqui, fazendo essas perguntas.

Mas um sistema forjado na cozinha evolutiva não é acurado nem perfeito. Gostamos de algumas coisas que nos fazem mal e não gostamos de coisas que nos fazem bem. Além disso, o contexto muda, e com isso os mesmos circuitos que eram funcionais em um momento da história evolutiva deixam de sê-lo em outro. Por exemplo, comer além dos níveis necessários podia ser adaptativo para armazenar alimento no corpo em época de escassez. Porém, o mesmo mecanismo pode ser nocivo e tornar-se o motor de vícios e obesidade quando há, como costuma acontecer hoje, uma despensa repleta de comida. Para além dessas ressalvas, uma premissa razoável para entender a gênese dos circuitos cerebrais, que nos levam a fazer o que fazemos e ser o que somos, é que em algum contexto — não necessariamente o atual — ele era adaptativo. É uma visão evolutiva da história do desenvolvimento biológico.

Esses argumentos também podem ser manipulados, embora de maneira mais lábil, para entender a propensão a comportamentos que forjam o ser social e a cultura. Nesse caso — por que ensinar pode ser ou ter sido adaptativo — podemos esboçar o seguinte raciocínio, que convém situar em outra época: ensinar outro a defender-se de um predador é uma maneira de proteger a si mesmo. Isso não é pura ficção. Na selva, muitos primatas não humanos têm uma linguagem rudimentar baseada em chamados que avisam sobre diferentes perigos: serpentes, águias, felinos. A cada perigo corresponde uma palavra distinta. Podemos pensar isso como algo análogo ao prelúdio do ensino em bebês, um *argumentum ornitologicum*: um pássaro em uma posição privilegiada para ver algo que os outros não veem compartilha esse conhecimento em uma mensagem pública (um tuíte). O fato de cada pássaro dispor desse sistema de alarme coletivo acaba funcionando bem para o bando.

Compartilhar conhecimento pode resultar em detrimento utilitário de quem o compartilha (daí a razão de ser de todas as patentes e o segredo da fórmula da Coca-Cola, por exemplo). Mas entendemos que, em muitas circunstâncias, difundir conhecimento pode formar grupos dotados de recursos que confiram uma vantagem aos indivíduos. Estes são, em geral, os argumentos típicos para entender a evolução de comportamentos altruístas e uma razão utilitária que explica a gênese da comunicação humana. Ensinar é um modo de cuidar de nós mesmos.

Este livro foi concebido em torno da ideia de que a propensão a compartilhar conhecimento é um traço individual que nos leva indefectivelmente a nos reunir em grupos. É a semente da cultura. Armar tramas culturais em pequenos grupos, tribos ou coletividades faz com que cada indivíduo funcione um pouco melhor do que o faria sozinho. Para além dessa visão utilitária da pedagogia através do valor da cultura, proponho aqui uma segunda hipótese: ensinar é uma maneira de conhecer. Não somente as coisas e as causas. Também conhecer os outros e a nós mesmos.

## DOCENDO DISCIMUS

Ensinar é um comportamento intencional mediante o qual um professor resolve uma brecha de conhecimento. Essa definição compacta pressupõe um monte de requisitos que cimentam uma maquinaria cognitiva capaz de ensinar. Por exemplo:

1) Reconhecer o conhecimento que temos sobre algo (metacognição).

2) Reconhecer o conhecimento que outra pessoa tem sobre algo (teoria da mente).
3) Entender que há uma disparidade entre esses dois conhecimentos.
4) Ter a motivação para resolver essa brecha.
5) Ter um aparato comunicacional (linguagem, gestos) para resolvê-la.

Nas páginas anteriores, percorremos a motivação comunicacional e a capacidade de uma linguagem ostensiva para poder resolvê-la. Agora quero propor uma hipótese radical sobre os dois primeiros pontos constitutivos do ensino, e que deriva naturalmente da ideia do instinto docente.

Minha conjectura é que as crianças começam a ensinar como se isso fosse uma compulsão, sem levar em conta o que o aluno sabe realmente ou o que elas mesmas conhecem. Na verdade, poderiam ensinar a um boneco, ao mar ou a uma pedra. Desse ponto de vista, o ensino procede — e pode proporcionar a experiência para — o forjar uma teoria da mente. Isto é, para colocar-se mentalmente no lugar do outro ou, mais precisamente, para poder atribuir pensamentos e intenções a outros. Da mesma maneira, uma criança ensina sobre domínios nos quais não tem precisamente calibrado seu próprio conhecimento e, ao fazer isso, consolida-o. Essa é uma maneira de revisitar e aprofundar a célebre ideia de Sêneca: *Docendo discimus*: ensinando, aprendemos. Não somente aprendemos sobre aquilo que estamos ensinando como também a calibrar nosso próprio conhecimento e o dos outros. Ensinando, nós nos conhecemos.

Também vimos que a aprendizagem é um problema de encaixe e tradução, de expressar informação nova na moldura da linguagem do próprio pensamento. Ensinar é um exercício de tradução no qual aprendemos não só porque revisamos fatos — voltando aos livros, por exemplo — como também porque fazemos o exercício de simplificar, resumir, colocar algumas coisas em negrito e pensar em como ver o mesmo problema a partir da perspectiva do outro. Todas essas atividades, tão próprias da pedagogia, são o combustível essencial da aprendizagem.

- Alguém com uma teoria da mente bem consolidada pode refletir a partir da perspectiva do outro e assim entender que duas pessoas podem chegar a conclusões diferentes. A prova típica funciona da seguinte maneira, no laboratório. Uma pessoa vê um pacote de bombons, opaco. Não há como saber o que existe ali dentro. Ela também vê tirarem todos os bombons e colocarem parafusos no seu lugar. Em seguida entra Juan, que não viu nada disso. A pergunta para a outra pessoa é: o que Juan pensa que há dentro do pacote? Para poder responder, é preciso viajar ao pensamento alheio.

Quem está equipado com uma teoria da mente entende que, sob essa perspectiva, o mais natural é pensar que há bombons. Quem não tem uma teoria da mente forjada supõe que Juan pensa que ali dentro deveria haver parafusos. Esse exemplo simples se estende a uma ampla gama de problemas que incluem entender que o outro não somente tem um corpo de conhecimentos diferente como também outra perspectiva afetiva, de sensibilidades e de formas de raciocínio. A teoria da mente se expressa de maneira rudimentar nos primeiros meses de vida, mas se consolida muito lentamente durante o desenvolvimento.

Cecilia Calero e eu ratificamos a primeira parte da hipótese da aprendizagem como um processo para consolidar a teoria da mente. Vimos que não é preciso ter calibrado uma teoria sobre o conhecimento alheio para brincar de ser professor. As crianças ensinam inclusive quando mal conhecem o que o outro sabe. Resta-nos descobrir, seguindo cuidadosamente o desenvolvimento desses pequenos mestres, se a hipótese mais interessante está correta: se, ao ensinar, as crianças forjam e consolidam a teoria da mente.

A segunda hipótese do *instinto docente* — ensinar ajuda a consolidar o conhecimento de quem ensina — tem hoje muito mais consenso. O lugar de Sêneca foi ocupado por Joseph Joubert, o inspetor-geral da Universidade de Napoleão, com sua célebre frase: "Ensinar é aprender duas vezes". E a versão contemporânea dessa ideia — segundo a qual um modo de aprender é colocar-se de vez em quando no lugar de quem ensina — começa com uma necessidade prática e concreta de nosso sistema educacional. Atribuir tutores a estudantes é a intervenção educativa mais eficaz. Mas atribuir um tutor profissional a cada aluno é completamente implausível. Uma solução ensaiada com êxito em muitos sistemas educacionais inovadores é a tutoria por pares, estudantes que assumem temporariamente o papel de mestres para complementar a educação de seus colegas. Isso acontece espontaneamente em escolas rurais, com poucas crianças de idades muito diferentes que compartilham sala de aula e professora. Também acontece, naturalmente, fora do âmbito escolar.

Andrea Moro, um dos grandes linguistas contemporâneos, notou que a língua materna não é a da mãe, mas a dos amigos. Os filhos de uma pátria que crescem em outra falam com mais naturalidade o idioma de seus pares, seus colegas, e não o de seus pais. Levar a tutoria por pares à sala de aula é simplesmente instalar na educação formal algo comum e efetivo na *escola da vida*.

Sabemos que, embora um estudante ensine a partir de uma moldura conceitual mais próxima, isso não basta para compensar o amplo conhecimento de um tutor profissional. Em média, o ensino de um colega é menos eficaz do que o de um profissional. Contudo, tem uma grande vantagem, pois o tutor, quando ensina, também aprende, e com isso o benefício é mútuo e simultâneo para os dois agentes do diálogo, o professor e o aluno. Observa-se esse efeito mesmo quando tutor e aluno têm a mesma idade, e até se o ensino for recíproco, isto é, se ambas as crianças alternarem os papéis de quem ensina e quem aprende.

Isso é promissor e deveria estimular tal costume na prática educativa. Mas há uma ressalva importante: o efeito é muito variável. Em alguns casos, as crianças melhoram muito ao ensinar. Em outros, não. Se entendêssemos quando essa prática é útil, teríamos uma receita bastante pertinente para aperfeiçoar a educação e, de passagem, teríamos revelado um segredo importante da aprendizagem.

Foi o que fizeram Rod Roscoe e Michelene Chi, que, ao estudarem diferentes formas de ensino entre colegas, descobriram que ensinar ajuda a aprender quando se cumprem estes princípios:

1) Quem ensina ensaia e testa seu conhecimento, o que lhe permite detectar erros, reparar brechas e gerar novas ideias.
2) Quem ensina estabelece analogias ou metáforas, relaciona os diferentes conceitos e atribui prioridades à informação de que dispõe. Ensinar não é enumerar fatos, mas construir uma história que os relate em uma trama.

Esses princípios têm grande semelhança com um conceito que já percorremos, o palácio da memória. A armação da memória se assemelha mais a um processo criativo e construtivo do que a um depósito passivo de informação em recantos do cérebro. As lembranças resultam efetivas, fortes e duradouras se forem reorganizadas em uma trama visual razoável, com certa lógica na estrutura arquitetônica do palácio. Agora podemos estender essa ideia a todo o pensamento. Um aluno, quando ensina, está organizando conceitos que já adquiriu em uma nova arquitetura mais propícia para a lembrança e, sobretudo, para a construção de novo conhecimento. Está construindo seu palácio do pensamento.

# Epílogo

Eu tinha mais ou menos dezesseis anos. Naquele período li um conto muito curto sobre a história de um casal que se amava com toda a intensidade com que duas pessoas podem se amar. Certa tarde, fizeram amor magnificamente, e depois ele foi tomar banho. Ela fumava na cama, saboreando aquele amor que perdurava em seu corpo. Em um gesto insólito e infeliz, ele tropeça, bate a cabeça contra a banheira e morre em silêncio, sem que ninguém, nem sequer ela, o perceba. O conto tratava desse segundo em que ambos estão a menos de um metro de distância, ela imersa em uma infinita felicidade pelo amor que sente por ele, e ele, morto. Não recordo de quem era o conto, nem o título, só mesmo o formato simples de papel fino e mal impresso da revista. Depois reencontrei essa mesma ideia no último dos *Contos breves e extraordinários* de Borges e Bioy Casares, "O mundo é amplo e alheio": "Dizem que Dante, no capítulo XL de *A vida nova*, relata que, ao percorrer as ruas de Florença, se surpreendeu ao encontrar peregrinos que nada sabiam de sua amada Beatriz".

O presente livro, e talvez toda a minha aventura na ciência, é de certa forma uma maneira de responder às interrogações que flutuam implícitas nestes textos. Desconfio que, de um modo ou de outro, todos compartilhamos essa façanha. É a razão de ser das palavras, dos abraços, dos amores. E também das brigas, das disputas, dos ciúmes. Nossos sentires, nossas crenças, nossas ideias se expressam através da linguagem rudimentar do corpo.

A transparência do pensamento humano é a ideia que resume este livro em uma frase. A busca dessa transparência é o exercício permanente desde a primeira até a última página. Todo o conjunto de experimentos com bebês conflui para o modo de compreender os desejos deles, suas necessidades e suas virtudes, quando a falta de linguagem os torna opacos. Entender nossa maneira de decidir, o motor da ousadia, as razões de nossos caprichos e de nossas crenças também é um modo de remover uma camada de opacidade ao pensamento próprio, às vezes escondido sob a máscara da consciência. E, por último, a pedagogia que envolve o último capítulo do livro é, tal como eu concebo a neurociência, uma façanha humana para nos encontrarmos, para compartilharmos o que sabemos, o que pensamos. Para que o mundo seja menos amplo e alheio.

# Agradecimentos

Este livro é o relato de uma travessia aos lugares mais recônditos de nosso cérebro e de nosso pensamento. Resume uma excursão de muitos anos, que empreendi em companhia de amigos e amigas, colegas, companheiros e companheiras de percurso e de vida.

Agradeço infinitamente a todos que me acompanharam na aventura de desenvolver estas ideias na Argentina e de construir um espaço plural, provocativo e profundamente interdisciplinar. Aos estudantes, doutorandos, pós-doutorandos e pesquisadores do Laboratório de Neurociência Integrativa na Faculdade de Ciências Exatas e Naturais da Universidade de Buenos Aires e do Laboratório de Neurociência da Universidade Torcuato Di Tella. Também aos meus companheiros e companheiras de andanças por Nova York e Paris, com os quais estas ideias foram tomando forma. Os conceitos que exponho neste livro foram forjados junto com Gabriel Mindlin, Marcelo Magnasco, Charles Gilbert, Torsten Wiesel, Guillermo Cecchi, Michael Posner, Leopoldo Petreanu, Pablo Meyer Rojas, Eugenia Chiappe, Ramiro Freudenthal, Lucas Sigman, Martín Berón de Astrada, Stanislas Dehaene, Ghislaine Dehaene-Lambertz, Tristán Bekinschtein, Inés Samengo, Marcelo

Rubinstein, Diego Golombek, Draúlio Araújo, Kathinka Evers, Andrea P. Goldin, Cecilia Inés Calero, Diego Shalom, Diego Fernández Slezak, María Juliana Leone, Carlos Diuk, Ariel Zylberberg, Juan Frenkel, Pablo Barttfeld, Andrés Babino, Sidarta Ribeiro, Marcela Peña, David Klahr, Alejandro Maiche, Juan Valle Lisboa, Jacques Mehler, Marina Nespor, Antonio Battro, Andrea Moro, Sidney Strauss, John Bruer, Susan Fitzpatrick, Marcos Trevisan, Sebastián Lipina, Bruno Mesz, Mariano Sardon, Horacio Sbaraglia, Albert Costa, Silvia Bunge, Jacobo Sitt, Andrés Rieznik, Gustavo Faigenbaum, Rafael Di Tella, Iván Reydel, Elizabeth Spelke, Susan Goldin-Meadow, Andrew Meltzoff, Manuel Carreiras e Michael Shadlen. Agradeço ao meu pai, por ter me acompanhado no amor e na paixão pela psiquiatria e pelo estudo e pela compreensão da mente humana. A leitura dos livros de Freud, sublinhados e anotados à mão por ele enquanto estudava, foram para mim uma grande marca neste projeto.

Os fundamentos deste livro estão em meu cérebro — termo que, etimologicamente, significa "o que a cabeça carrega" — há anos. Mas materializar isso foi uma aventura extraordinária e muito mais desafiadora e apaixonante do que se pode imaginar. E, claro, teria sido impossível sem os que me acompanharam nessa travessia. Meu agradecimento, às vésperas de cruzar a linha, a eles e a elas. Em primeiro lugar, a Florencia Ure e a Roberto Montes, da editora Debate, que deram início a esta história. Roberto, naquela primeira reunião — que parece ter acontecido há uma infinidade de tempo —, disse, de passagem, que o segredo era escrever um livro honesto. Tais palavras, pronunciadas naturalmente, se fixaram durante muito tempo, como uma âncora, enquanto fui dando forma a este projeto. Assim tentei fazer as coisas, Florencia Grieco me acompanhou — de perto e soprando em minha nuca — desde o primeiro dia até o último (que ainda não aconteceu, enquanto escrevo isto). Incontáveis reuniões, mensagens, mates e cafés, idas e voltas de textos nos quais aprendi com ela a dar forma a estas ideias. Marcos Trevisan, companheiro de tantas andanças, me suportou nesta com uma paciência extraordinária. Ensinou-me a ler em voz alta, a pensar as palavras por sua história e sobretudo me fez rir às gargalhadas nos momentos mais árduos da escrita. No arranque final, naqueles dias vertiginosos e noites de insônia, Andrea Goldin, com infinita generosidade, sentou-se comigo em horas impossíveis para revisar a ciência e a forma do livro. Christián Carman revisou passagens históricas e filosóficas. Muito obrigado também aos jovens de El Gato y la Caja,\* Juan Manuel Garrido, Facundo Álvarez Heduan e Pablo González, e a Andrés Rieznik, Cecilia Calero, Pablo Polosecki, Mercedes Dalessandro, Hugo Sigman, Silvia Gold, Juan Sigman e Claire Landmann, que leram estas páginas e me fizeram comentários, observações e, como não, um pouco de carinho, que me ajudou a remar quando o vento soprava com força.

---

\* Segundo seus organizadores, "plataforma de comunicação científico-cultural que utiliza as ferramentas mais diversas para buscar inserir na cultura popular uma maneira de ver o mundo baseada na curiosidade, no assombro e na evidência. Sua principal estratégia é gerar material exclusivo para diferentes plataformas de redes sociais (Facebook, Twitter e Instagram)". Ver: <https://elgatoylacaja.com.ar>. (N. T.)

1ª EDIÇÃO [2017] 1 reimpressão

ESTA OBRA FOI COMPOSTA PELA ABREU'S SYSTEM EM INES LIGHT
E IMPRESSA EM OFSETE PELA GRÁFICA BARTIRA SOBRE PAPEL PÓLEN SOFT
DA SUZANO S.A. PARA A EDITORA SCHWARCZ EM JUNHO DE 2021

A marca FSC® é a garantia de que a madeira utilizada na fabricação do papel deste livro provém de florestas que foram gerenciadas de maneira ambientalmente correta, socialmente justa e economicamente viável, além de outras fontes de origem controlada.